非规则颗粒形态表征与离散元模拟方法

苏栋　王翔　著

清华大学出版社

北　京

内 容 简 介

　　颗粒物质在自然界和人类生产与生活中广泛存在,其物理力学特性与几何形态有着密切的联系。近年来,人们对非规则颗粒形态表征的研究经历了从定性到定量、从星形颗粒到非星形颗粒、从单一形状指标评价到整体形态重构与评价的过程;在非规则颗粒的离散元研究方面,则从间接模拟几何形态和接触作用向直接模拟转变。在这一发展过程中,基于傅里叶级数和球谐函数的计算几何方法的引入具有重要意义。本书较系统地介绍了非规则颗粒形态表征与离散元模拟方法的研究进展,全书共分为 6 章,包括:引言;非规则颗粒形态获取;非规则颗粒几何形态重构;非规则颗粒形态评价;非规则颗粒随机生成;非规则颗粒离散元模拟方法。

　　本书可作为物理、力学、土木、水利、化工、农业等领域从事颗粒材料研究及工程应用的科研人员,以及高等院校相关专业学生的参考用书。

图书在版编目(CIP)数据

非规则颗粒形态表征与离散元模拟方法/苏栋,王翔著.—北京:清华大学出版社,2022.3
ISBN 978-7-302-60093-0

Ⅰ.①非…　Ⅱ.①苏…②王…　Ⅲ.①颗粒物质－离散－数值模拟　Ⅳ.①O552.5

中国版本图书馆 CIP 数据核字(2022)第 020174 号

责任编辑:秦　娜　赵从棉
封面设计:陈国熙
责任校对:赵丽敏
责任印制:宋　林

出版发行:清华大学出版社
　　　　　网　　址:http://www.tup.com.cn,http://www.wqbook.com
　　　　　地　　址:北京清华大学学研大厦 A 座　　邮　　编:100084
　　　　　社 总 机:010-83470000　　　　　邮　　购:010-62786544
　　　　　投稿与读者服务:010-62776969,c-service@tup.tsinghua.edu.cn
　　　　　质量反馈:010-62772015,zhiliang@tup.tsinghua.edu.cn
印 装 者:北京博海升彩色印刷有限公司
经　　销:全国新华书店
开　　本:170mm×240mm　　印　　张:15　　　　字　　数:284 千字
版　　次:2022 年 3 月第 1 版　　　　　　印　　次:2022 年 3 月第 1 次印刷
定　　价:88.00 元

产品编号:094942-01

前言

颗粒物质,如岩土材料、谷物、药品、食盐等,在自然界和人类生产与生活中广泛存在。颗粒物质体系具有不同于固、液、气物质的力学性质和运动规律,这在很早就引起了科学家和工程技术人员的关注,如 Coulomb 于 1773 年提出了沙堆稳定倾角与摩擦系数的关系;Reynolds 于 1885 年提出了颗粒物质的剪胀性并展开了相关研究;Roberts 于 1884 年发现并研究了颗粒物质的粮仓效应和压力凹陷现象。颗粒物质的物理力学特性与其几何形态有着密切的联系,工业生产的颗粒物质几何形态往往比较规则和单一,但自然界的颗粒物质几何形态迥异,可谓"一沙一世界"。

颗粒几何形态通常可从三个层面度量:整体形状(常用指标为细长度与扁平度)、棱角度或磨圆度(指颗粒的尖锐程度或圆润程度)、粗糙度(指颗粒表面局部的起伏程度)。早期关于颗粒形态的评价主要采用将真实颗粒与标准颗粒进行目视比较的定性方法,如 Russell 等于 1937 年基于颗粒的磨损程度将颗粒形状分为五个等级;Krumbein 于 1941 年给出了九种不同棱角度的颗粒轮廓;Powers 于 1953年在 Russell 分类的基础上做了进一步的细分。然而,目视比较的方法具有很强的主观性,为了更准确和客观地评价颗粒形态特征,人们一直寻求用数学上严格的定量方法来描述和评价颗粒的形状,如 Schwarcz 等于 1969 年首次提出将二维星形轮廓的极径用傅里叶级数展开以表征颗粒形状;Garboczi 于 2002 年采用极径的球谐函数展开重构混凝土骨料三维星形颗粒的形貌。此后,基于计算几何的颗粒形态重构和评价的研究取得了长足的发展,研究的对象从星形颗粒拓展到了非星形颗粒。

离散单元法是研究颗粒材料力学特性的重要手段。生成大量与真实颗粒形态特征相同的虚拟颗粒是非规则颗粒离散元数值模拟的基础,而建立能反映非规则颗粒之间真实接触和受力状态的接触算法是模拟的关键。目前,普遍采用的方法是利用圆盘绑定(二维)或圆球绑定(三维)来近似模拟不规则颗粒的形状,并借助圆盘或圆球之间的接触判定和接触力计算方法来分析计算非规则颗粒之间的接触力。然而,该方法带来了虚假多接触点和接触刚度非唯一性等问题。近年来,随着基于多边形/多面体、水平集、傅里叶级数展开、球谐函数展开等方法的提出和发展,上述问题逐步得到解决。

本书较系统地介绍了非规则颗粒形态的获取、重构、评价、随机生成和离散元模拟方法。全书共分为6章。第1章概述颗粒物质的主要力学特性、几何形态分类、形态评价方法及几何形态对颗粒材料力学特性的影响;第2章简要介绍基于数码照相、结构光扫描和CT断层扫描等技术的非规则颗粒二维和三维形态获取方法;第3章详细介绍基于傅里叶展开的二维星形和非星形轮廓重构方法,和基于球谐函数展开的三维星形和非星形表面重构方法,并讨论了傅里叶总阶数、球谐函数总阶数和网格密度等对重构形态的影响;第4章详细介绍二维和三维非规则颗粒形态评价指标的定义及基于计算几何的指标计算方法,并给出了一些真实颗粒形态评价的实例;第5章介绍基于逆蒙特卡罗法的二维星形与三维星形虚拟颗粒的生成方法,以及可考虑一阶系数固有相关性和其他阶系数经验相关性的二维非星形与三维非星形虚拟颗粒生成方法,并给出了相应的实例;第6章介绍针对非规则颗粒的离散元模拟方法,重点介绍适用于二维星形颗粒、二维非星形颗粒、三维星形颗粒、三维非星形颗粒的几何状态表示、接触判定和接触力计算方法,并给出了离散元模拟实例。

本书的主要内容由苏栋、王翔与其合作者在近年内完成。合作者包括 Yan W. M.、聂志红、Feng Y. T.、尹振宇、熊昊、杨当福等。此外,樊猛参与了第1章和第2章的编写,并协助苏栋、王翔进行全书的统稿工作,胡向宇、李睿东、章浩然、张睿骁等协助进行部分公式的录入和图片的绘制工作,在此向他们表示衷心感谢。本书的部分研究工作受国家自然科学基金项目(编号:51878416、52090084)的资助,特此致谢。

由于编者水平有限,书中难免存在不足和不妥之处,热忱希望读者和同行专家批评指正。

苏 栋 王 翔

2021 年 12 月

目录

第 1 章 引 言

颗粒物质在自然界和人类的生产与生活中广泛存在。由大量颗粒组成的离散态物质体系具有不同于固、液、气物质的力学性质和运动规律，而颗粒几何形态对颗粒材料的物理力学特性具有重要的影响。

1.1 颗粒物质

颗粒物质是由大量离散的固体颗粒相互作用而组成的复杂体系[1]。在自然界中,颗粒材料覆盖了地球表面的大部分区域,如沙漠中的沙子、地表的积雪、河滩上的卵石等(图 1.1)。在工业生产和制造业中也会产生大量的颗粒物质,如煤炭、药品、塑料颗粒等(图 1.2)。在人类的日常生活中,颗粒物质同样扮演了重要角色,典型的有谷物、糖、食盐等(图 1.3)。在土木工程领域,岩土颗粒物质是基本的建

(a)   (b)   (c)

图 1.1 自然界中的颗粒物质
(a) 沙子;(b) 积雪;(c) 卵石

(a)   (b)   (c)

图 1.2 工业生产中的颗粒物质
(a) 煤炭;(b) 药品;(c) 塑料颗粒

(a)   (b)   (c)

图 1.3 日常生活中的颗粒物质
(a) 谷物;(b) 糖;(c) 食盐

筑材料,在各种工程中广泛应用,如铁路道砟碎石、混凝土骨料、填筑路基的各种土体材料等(图1.4)。

图 1.4　土木工程领域的颗粒物质

(a) 道砟碎石;(b) 混凝土骨料;(c) 路基填土

大量颗粒组成的离散态物质体系具有不同于固、液、气物质的力学性质和运动规律[2],其在静止时类似于固体,流动时则类似于液体,但又与液体性质明显不同。利用沙粒从孔中流出的速度始终稳定不变(不像水流那样随压强改变),人们很早就发明了用于计时的沙漏。在重力场下不作任何约束,颗粒系统就可能发生流动,但在颗粒之间的摩擦和咬合作用下最终会达到新的稳定状态(图1.5),如自然界中的雪崩、山体滑坡、泥石流等现象。Coulomb[1]最早提出了沙堆稳定倾角与摩擦系数的关系。

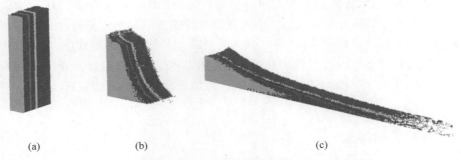

图 1.5　颗粒柱崩塌过程

(a) 初始状态;(b) 崩塌过程;(c) 最终稳定状态

压硬性和剪胀性是颗粒物质体系的重要力学特性。颗粒物质体系由大小、形态相同或不同的颗粒堆积而成,虽然某些颗粒之间存在一定的黏聚力,但联结强度远小于颗粒本身的强度,因此在大部分情况下,其抵抗外部剪切作用主要靠颗粒之间的摩擦作用,而摩擦作用随颗粒之间法向作用力的增大而增大,因此颗粒物质体系具有“压硬性”的特性。此外,一般的固体材料在剪应力作用下体积不发生变化,而颗粒物质体系在剪应力作用下由于颗粒的移动或翻滚,在产生剪切变形的同时,还可能产生体积变形。如图 1.6 所示,当初始状态为紧密堆积时,受到剪切作用后剪切面处的颗粒产生错动或转动,颗粒之间的咬合或排列将被破坏,从而造成体积增大,称为剪胀;反之,当初始状态为松散堆积时,剪切作用会造成体积减小,称为剪缩。广义的剪胀性既包括剪胀也包括剪缩,自 Reynolds[2] 在 1885 年提出这一问题后,剪胀性一直是颗粒材料的研究热点之一。

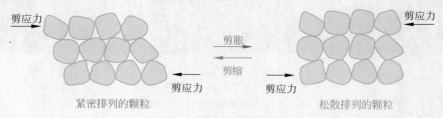

图 1.6　颗粒材料的剪胀性

粮仓效应和沙堆压力凹陷也是颗粒物质体系比较独特的力学现象。1884 年,Roberts[3] 在研究粮仓底面的压强时发现,当粮食堆积高度约大于 2 倍粮仓底面直径后,粮仓底面所受的压强会趋近于一个饱和值,不再随着粮食的增加而增加,这与液体在容器中表现出的性质完全不同。1895 年,Janssen[4] 采用连续介质模型解释了粮仓效应:由于颗粒间的相互作用,会产生水平方向的力,粮仓边壁支撑了颗粒的部分重量,使得粮仓底部压强趋于饱和。沙堆压力凹陷指沙堆中心对地面的压力并不是最大的,即压力分布在中间位置有一处凹陷。许多学者对压力凹陷现象进行了研究。Edwards[5] 认为沙堆内部颗粒的成拱结构把重量分散到沙堆的外围部分而引起压力凹陷;Vanel 等[6] 通过比较不同形状沙堆的底部压力分布,认为压力凹陷与沙堆形成的过程密切相关。沙堆在生长过程中,内部生成的力链是引发压力凹陷的根本原因,不同的形成过程则可能导致不同的力链分布。

1.2　颗粒几何形态

颗粒几何形态指颗粒的粒径、形状和表面结构等特性,工业生产的颗粒物质(如药品、塑料颗粒等)的几何形态往往比较规则和单一,但对于自然界存在的颗粒物质而言,由于其物质组成和形成过程不同,不同类别的颗粒几何形态迥异,甚至同一类别的颗粒也存在"一沙一世界"的现象。

1.2.1　几何形态的分类

根据颗粒形状的特点,颗粒可划分为凸形颗粒和非凸形颗粒两大类,也可划分为星形颗粒和非星形颗粒两大类。对于二维问题,星形颗粒是指在颗粒内部能够

找到某一点 O，使得沿着某一方向连接点 O 到颗粒轮廓，同一极角 φ 下只有一个极径 r 与之对应，即极角和极径之间存在一一对应关系，极径可以表示为极角的函数 $r=r(\varphi)$。非星形颗粒是指在颗粒内部找不到这样的点 O，使得极角与极径一一对应。如图 1.7 所示，非星形颗粒同一极角方向发出的射线可能穿过颗粒轮廓两次，这使得极径无法表示为极角的单一函数。三维星形和非星形颗粒的定义与二维颗粒类似。典型三维非星形颗粒如图 1.8 所示。

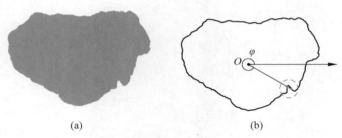

(a)　　　　　　　　　　(b)

图 1.7　典型二维非星形颗粒
（a）颗粒照片；（b）颗粒轮廓

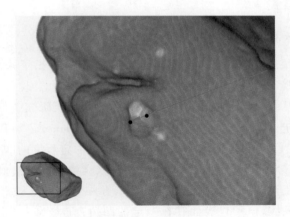

图 1.8　典型三维非星形颗粒

目前，通常从三个不同层面对颗粒几何形态进行评价（如图 1.9 所示）[7-9]，即：①整体形状；②棱角度或磨圆度；③粗糙度。对于二维颗粒，其第一层面的常用指标为细长度，而对于三维颗粒，常用指标为细长度与扁平度。细长度与扁平度是用于描述颗粒沿三个不同主轴方向的轴长比值，反映了颗粒的整体几何特征。第二层面的颗粒几何形态是棱角度或磨圆度，主要用于量度颗粒的尖锐程度或圆润程度。棱角度或磨圆度是传统颗粒形态评价的常用指标，如 Wentworth[10] 于 1919年在描述地质构造中由沉积作用形成的颗粒体形状特征时就提出了磨圆度的量化计算公式,而 Wadell[11] 在 1932 年提出的磨圆度定义是目前应用最广泛的指标之一。第三层面的颗粒几何形态为粗糙度,该指标描述颗粒表面局部的起伏程度,反映了颗粒表面的纹理信息。已有研究表明[8],这三个层面的形状指标是相互独立的,每一层面的形状指标都可以在不影响其他两个层面形状指标的情况下独立改变。

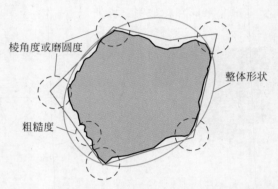

图 1.9　三个不同层面的颗粒形状特征示意图[8]

1.2.2　传统评价方法

为了便于对颗粒进行形态评价和分类,地质学家们提出了采用将真实颗粒与标准颗粒进行目视比较的方法,并提出了不同的分类图表。

Russell 等[12] 在 1937 年对密西西比河砂颗粒的形状研究中,基于颗粒的磨损程度将颗粒形状定性地分为五个等级,即:①棱角状(angular),几乎无磨损,颗粒棱角锋利;②次棱角状(subangular),颗粒棱角存在一定程度的磨损,但仍然尖锐,颗粒保持其原始形状;③次圆状(subrounded),颗粒棱角被磨损成圆滑的曲线,但颗粒的原始形状仍然清晰;④圆状(rounded),颗粒原始形状被严重破坏,颗粒棱角被磨平成圆滑曲线,但颗粒表面存在一定的凹角;⑤极圆状(well-rounded),颗粒的原始形状被完全破坏,颗粒棱角全部被磨平,颗粒表面平坦。Krumbein[13] 于 1941 年给出了九种不同棱角的颗粒轮廓,并通过将单个真实颗粒与标准轮廓的视觉比较得出颗粒的平均磨圆度值。Powers[14] 于 1953 年在 Russell 分类的基础上做了进一步的细分,并添加了一个新的分类等级:极棱角状(very angular)。之后,学者们[15-17] 在 Powers 和 Krumbein 的分类图表基础上做了一定的修改,得到了广泛使用的 Powers's chart 和 Krumbein's chart,如图 1.10 所示。另外一个广泛应用的定性分类图表则来源于美国材料与试验协会(ASTM)所规定的用于高尔夫球场坪床砂颗粒形状分级方法[18]。

应当注意的是,以上方法主要基于颗粒二维形状进行定性分类,对于真实的三维颗粒,从不同的角度观察颗粒可能会得到不同的结论。

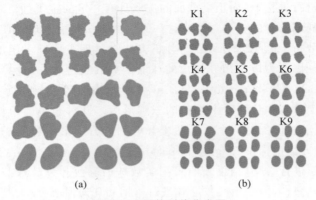

图 1.10　颗粒形状分类图
(a) Powers's chart; (b) Krumbein's chart

1.2.3　基于计算几何的评价方法

采用将真实颗粒与标准图表颗粒进行目视比较的方法,一方面具有很强的主观性,另一方面也不能对颗粒的三维几何形态特征进行评价。为了更准确和客观地评价颗粒形态特征,人们一直寻求在数学上用严格的定量方法来描述颗粒的形状,并通过计算几何的方法量化颗粒形态指标,从而对颗粒形态进行定量评价。

Schwarcz 等[20]在 1969 年首次提出将颗粒轮廓的极径用傅里叶级数展开,来表征颗粒形状,随后 Ehrlich 等[21]详细阐述了求解傅里叶系数的方程,以及确定颗粒质心的方法,同时证明傅里叶形状方程可以精确地再现二维颗粒形状。Beddow 等[22]展示了如何通过傅里叶变换进行大量颗粒轮廓的重构与分析。到 20 世纪 80 年代,基于傅里叶级数的颗粒形状分析在颗粒沉积环境识别方面取得了较多的成果。如 Dowdeswell[23]在 1982 年通过 158 张颗粒扫描电镜照片的傅里叶级数和形状分析,区分了颗粒的形成环境。

然而,如 Schwarcz 等[20]和 Ehrlich 等[21]所指出的,基于极径傅里叶级数展开的方法并不适用于非星形颗粒。解决这个问题的常用方法是 Granlund[24]于 1972 年提出的复傅里叶分析,随后 Clark[25]、Thomas 等[26]、Bowman 等[27]将该方法引入地质学领域,用于岩土颗粒的形状分类和表征。但是,复傅里叶分析方法要求离散轮廓点必须等间距且离散点的总数为 2^k(其中 k 为正整数)。近年来,Su 等[28]提出了一种新的方法,该方法首先将颗粒轮廓上的点进行弧长参数化,然后再将轮廓点的 x、y 坐标分别进行傅里叶级数展开,克服了复傅里叶分析方法的局限性。

针对非规则颗粒三维几何形态的表征和重构,Mollon 等[29]在 Bowman 等[27]研究成果的基础上将傅里叶方法拓展到了三维颗粒。他们通过选取颗粒的三个正交截面对颗粒进行重构,然而正交截面的选取具有一定的主观性,该方法也会导致颗粒表面形态局部信息的丢失。解决这一问题的方法是引入球谐函数直接对颗粒三维形态进行分析。基于球谐函数的分析方法在早期主要针对星形颗粒,即将颗粒表面点的极径展开为极角和方位角的球谐函数的表达式,再计算颗粒的几何形态指标。Garboczi[30]、Grigoriu 等[31]、Liu 等[32]、Zhou 等[33]利用该方法成功重构并分析了混凝土骨料颗粒和砂土颗粒的三维形貌。针对非星形颗粒,Brechbühler 等[34]提出将颗粒表面点的三个笛卡儿坐标分别进行球谐函数展开的方法。Zhou 等[35]采用这种方法重构了 Leighton Buzzard 砂颗粒。Su 等[28]采用了实数形式的球谐函数对砂粒进行重构,结果表明采用实数球谐函数和复数球谐函数进行颗粒表面重构的结果一样,但采用实数形式进行重构和几何形态分析,其计算效率可显著提高。

总体而言,人们对颗粒形态的研究经历了从定性到定量、从星形颗粒到非星形颗粒、从单一形状指标评价到整体形态重构和评价的过程。在这一发展过程中,基于傅里叶级数和球谐函数的计算几何方法的引入具有重要意义。

1.3 几何形态对颗粒材料物理力学特性的影响

颗粒材料的物理力学特性受到工业与工程领域的科研和工程技术人员的广泛关注,其与颗粒的几何形态有着密切的联系,国内外研究人员主要通过物理试验和离散元数值模拟等方法对该问题展开研究。

1.3.1 物理试验研究

在颗粒几何形态与力学特性的相关性研究方面,可以直接利用真实颗粒展开,如 Cho 等[37]通过一维侧限试验和完全排水试验研究了天然砂土颗粒的球形度和磨圆度对其宏观力学性质的影响,结果表明随着颗粒球形度和磨圆度的降低,试样的孔隙比将会增大,小应变刚度随之降低。Li 等[38]通过大型直剪试验研究了颗粒形状对黏土-砂砾混合料抗剪强度的影响,结果表明凹凸度的增大会导致峰值摩擦角的增大和残余摩擦角的降低,而细长度的增大会导致峰值摩擦角的降低和残余摩擦角的增大。Alshibli 等[39]通过三维同步显微断层(synchrotron microcomputed tomography,SMT)扫描获得玻璃珠、F-35 渥太华砂、哥伦比亚砂、丰浦砂等颗粒材料的几何形态,然后通过三轴试验研究了颗粒表面积、体积、主尺度、球形度、磨圆度和表面纹理等形态特征对材料内摩擦角的影响,部分结果如图 1.11 所示。结果表明,F-35 渥太华砂比玻璃珠更尖锐和粗糙,其峰值内摩擦角为 37°,比玻璃珠的 29.6°大得多。

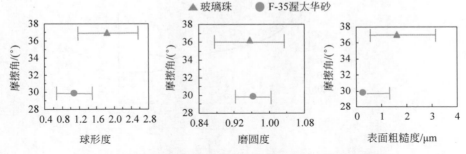

图 1.11 球形度、磨圆度和表面粗糙度对砂土内摩擦角的影响

由于真实颗粒的形状较为有限,为研究特定几何形状的影响,学者们利用 3D 打印技术展开了相关研究。如 Athanassiadis 等[40]利用 3D 打印技术打印出 14 种不同形状的颗粒,并进行了完全排水试验,发现试样的宏观力学特性(如弹性模量、应力路径、塑性变形等)与颗粒的形状参数(如颗粒球形度等)密切相关。Ritesh 等[41]利用选择性激光烧结(selective laser sintering,SLS)技术打印生成了 1500 个在尺寸和形状上都近似的颗粒,并进行了一维压缩试验,然后在试验的不同阶段对试样进行 CT 扫描直至应变达到 20%。结果表明 3D 打印颗粒的压缩特性与真实颗粒相似,应力水平越高,试样的压缩模量越大;加载过程中(即使应变达到 20%),并没有发现明显的颗粒破碎。HANAOR 等[42]采用分形表面覆盖(fractual surface overlay,FSO)法、轮廓旋转插值(contour rotation interpolation,CRI)法和定向多面体聚集(directed polyhedra aggregation,DPA)法等三种方法打印虚拟颗

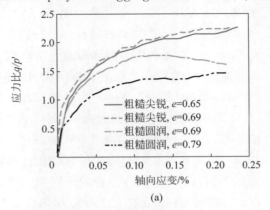

(a)

图 1.12 3D 打印颗粒的三轴剪切行为
(a) 应力比与轴向应变;(b) 体积应变与轴向应变

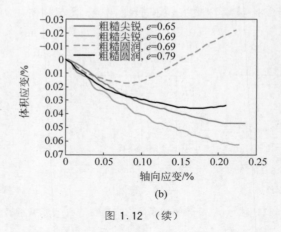

(b)

图 1.12 （续）

粒,并对由 DPA 法打印出的颗粒进行了三轴试验,部分结果如图 1.12 所示。试验结果表明,3D 打印颗粒的剪切力学行为和典型的砂土力学行为类似,密实试样(孔隙比 e 较小)的剪应力比(q/p')先上升到峰值,然后逐渐下降,最终的剪应力比约为 1.5(对应的内摩擦角为 37°)。然而与真实砂土不同的是,在试验过程中可观察到颗粒自身出现了明显的压缩变形。

1.3.2　离散元数值模拟研究

近年来,基于非连续介质力学理论不断发展,离散单元法(discrete element method,DEM)等数值模拟技术逐渐被颗粒材料领域的研究人员所采纳。采用 DEM 可从细观角度研究颗粒形态对材料物理力学特性的影响机理。Li 等[43]对不同形状颗粒的随机堆积密度进行了研究,结果表明堆积密度的上限为立方体(0.78)>椭球体(0.74)>圆柱体(0.72)>球柱体(0.69)>四面体(0.68)>圆锥体(0.67)>球体(0.64)。Zhao 等[44-45]利用多面体离散元法研究了颗粒棱角度对宏观力学性质的影响,以及高度比(颗粒高度与具有相同底面的正四面体高度之比)和偏心率对四面体颗粒随机堆积的影响。Ng[46]用离散元方法研究了不同长宽比椭球颗粒的微观和宏观行为,结果表明法向接触力(细观力学参数)与主应力比(宏观力学参数)有着直接关系。Gan 等[47]采用离散单元法研究了颗粒尺寸和长径比对细椭球堆积结构的影响,结果表明孔隙率和配位数随粒径和颗粒形状的变化显著。Miskin 等[48]通过以不同方式绑定的球形颗粒来模拟不同形状颗粒的力学行为,结果表明 2 球颗粒试样的刚度和强度明显大于单球颗粒试样,3 球颗粒试样的弹性模量与颗粒之间的夹角有明显关系,直线布置时颗粒试样的弹性模量最小。

考虑到简化形状的局限性,学者们开始尝试采用真实颗粒形状的离散元模拟。

首先需要解决的问题是如何生成大量的具有真实颗粒形态特征的颗粒模型。Grigoriu 等[31]提出了基于随机场理论生成球谐函数系数,从而生成虚拟颗粒的方法。Mollon 等[49]结合随机场理论与傅里叶形状描述符,提出了一种形状可控的虚拟颗粒生成方法。Zhou 等[33]基于砂颗粒球谐函数系数的主成分分析方法,生成了能保留真实颗粒形态主要特征的虚拟颗粒。Su 等[36]提出了基于坐标球谐函数展开的三维非星形虚拟颗粒生成方法,该方法可考虑一阶球谐系数之间的固有关系以及其他系数之间的关系对于颗粒形态特征的影响。为了将真实颗粒形态应用到 DEM 分析中,Ferellec 等[50]提出了一种简单、快速的生成复杂颗粒形状的离散元模型的数值方法。Zheng 等[51]提出了一种高效的离散元模型生成算法,可以模拟岩土材料真实颗粒的形态。Wei 等[52]在球谐分析的基础上引入了分形维数,生成了大量具有真实颗粒形态特征的砂颗粒,然后利用三维颗粒流分析程序(three-dimensional particle flow code,PFC3D)模拟了颗粒柱坍塌试验,结果表明真实颗粒的互锁效应和各向异性程度更显著。Wu 等[53]建立了与真实砂颗粒一一对应的离散元模型,并进行了小型三轴试验的模拟,讨论了颗粒尺度特性对离散元模型力学响应的影响。Kodicherla[54]通过直剪试验和三轴试验的离散元模拟,分析颗粒细长度对试样宏观力学行为的影响。Wu 等[55]通过双轴试验的离散元法模拟,研究了颗粒磨圆度对砂土力学行为的影响,结果表明颗粒磨圆度的降低(颗粒越尖锐)会导致试样偏应力和剪胀性的增加。

在离散元模拟中,非规则颗粒的形态重构目前主要通过圆盘绑定(二维)或圆球绑定(三维)来实现,从而可以借助圆盘之间或圆球之间的接触判定和接触力计算来分析计算非规则颗粒之间的接触力。然而,该方法并不能反映不规则颗粒之间的真实接触和受力状态,深化几何形态对非规则颗粒材料物理力学特性影响的数值研究有赖于非规则颗粒离散元模拟技术的进一步发展。

参 考 文 献

[1] COULOMB C A. Essai sur une application des regles de maximis et minimis a quelques problemes de statique relatifs a l'architecture (essay on maximums and minimums of rules to some static problems relating to architecture),1773,7:343-382.

[2] REYNOLDS O. On the dilatancy of media composed of rigid particles in contact[J]. Philosophical Magazine,1885,20(127):469-481.

[3] Roberts I. Proc. Roy. Soc. 1884,36:226.

[4] JANSSEN H A. Versuche über getreidedruck in silozellen[J]. Z Vereins Deutsch Ing,1885,39(35):1045-1049.

[5] EDWARDS S F, MOUNFIELD C C. A theoretical model for the stress distribution in granular matter. I. Basic equations[J]. Physica A,1996,226(1-2):1-11.

［6］ VANEL L，CLAUDIN P，BOUCHAUD J P，et al. Stresses in silos：comparison between theoretical models and new experiments［J］. Physical Review Letters，2000，84（7）：1439-1442.

［7］ KRUMBEIN W C，SLOSS L L. Stratigraphy and sedimentation［J］. Soil Science，1951，71(5)：401.

［8］ JANKE N C. The shape of rock particles，a critical review［J］. Sedimentology，1981，27(3)：291-303.

［9］ MITCHELL J K. Fundamentals of soil behavior，3rd edition［M］. New York：John Wiley & Sons，2005.

［10］ WENTWORTH C K. A laboratory and field study of cobble abrasion［J］. Journal of Geology，1919，27(7)：507-521.

［11］ WADELL H. Volume，shape，and roundness of rock particles［J］. Journal of Geology，1932，40(5)：443-451.

［12］ RUSSELL R D，TAYLOR R E. Roundness and shape of Mississippi River sands［J］. The Journal of Geology，1937，45(3)：225-267.

［13］ KRUMBEIN W C. Measurement and geological significance of shape and roundness of sedimentary particles［J］. Journal of Sedimentary Research，1941，11(2)：64-72.

［14］ POWERS M C. A new roundness scale for sedimentary particles［J］. Journal of Sedimentary Research，1953，23(2)：117-119.

［15］ CHARPENTIER I，SAROCCHI D，SEDANO L A R. Particle shape analysis of volcanic clast samples with the Matlab tool MORPHEO［J］. Computers and Geosciences，2013，51(1)：172-181.

［16］ TAFESSE S，FERNLUND J R，SUN W，et al. Evaluation of image analysis methods used for quantification of particle angularity［J］. Sedimentology，2013，60(4)：1100-1110.

［17］ CHÁVEZ G M，CASTILLO-RIVERA F，MONTENEGRO-RÍOS J A，et al. Fourier Shape Analysis，FSA：Freeware for quantitative study of particle morphology［J］. Journal of Volcanology and Geothermal Research，2020，404：107008.

［18］ ASTM. Standard test method for particle size analysis and sand shape grading of golf course putting green and sports field root zone mixes［J］. Annual book of ASTM Standards，2003：313-316.

［19］ 汪呈，徐伟，常智慧. 运动场草坪坪床稳定性研究进展［J］. 草业科学，2019，36(3)：692-703.

［20］ SCHWARCZ H P，SHANE K C. Measurement of particle shape by fourier analysis［J］. Sedimentology，1969，13(3-4)：213-231.

［21］ EHRLICH R，WEINBERG B. An exact method for characterization of grain shape［J］. Journal of Sedimentary Research，1970，40(1)：205-212.

［22］ BEDDOW J K，PHILIP G. On the use of a fourier analysis technique for describing the shape of individual particles［J］. Planseeberichte fur Pulver metaUurgie，1975，23（1）：3-14.

［23］ DOWDESWELL J A. Scanning electron micrographs of quartz sand grains from cold environments examined using Fourier shape analysis[J]. Journal of Sedimentary Research，1982，52(4)：1315-1323.

[24] GRANLUND G H. Fourier preprocessing for hand print character recognition[C]. IEEE Trans. Comp，1972，C21：195-201.

[25] CLARK M W. Quantitative shape analysis：A review[J]. Journal of the International Association for Mathematical Geology，1981，13(4)：303-320.

[26] THOMAS M C，WILTSHIRE R J，WILLIAMS A T. The use of Fourier descriptors in the classification of particle shape[J]. Sedimentology，1995，42(4)：635-645.

[27] BOWMAN E T，SOGA K，DRUMMOND W. Particle shape characterisation using Fourier descriptor analysis[J]. Géotechnique，2000，51(6)：545-554.

[28] SU D，XIANG W. Characterization and regeneration of 2D general-shape particles by a Fourier series-based approach [J]. Construction and Building Materials，2020，250：118806.

[29] MOLLON G，ZHAO J. Generating realistic 3D sand particles using Fourier descriptors [J]. Granular Matter，2013，15(1)：95-108.

[30] GARBOCZI E J. Three-dimensional mathematical analysis of particle shape using X-ray tomography and spherical harmonics：Application to aggregates used in concrete[J]. Cement and Concrete Research，2002，32(10)：1621-1638.

[31] GRIGORIU M，GARBOCZI E，KAFALI C. Spherical harmonic-based random fields for aggregates used in concrete[J]. Powder Technology，2006，166(3)：123-138.

[32] LIU X，GARBOCZI E J，GRIGORIU M，et al. Spherical harmonic-based random fields based on real particle 3D data：Improved numerical algorithm and quantitative comparison to real particles[J]. Powder Technology，2011，207(1-3)：78-86.

[33] ZHOU B，WANG J. Generation of a realistic 3D sand assembly using X-ray micro-computed tomography and spherical harmonic-based principal component analysis[J]. International Journal for Numerical and Analytical Methods in Geomechanics，2017，41(1)：93-109.

[34] BRECHBÜHLER C，GERIG G，KÜBLER O. Parametrization of closed surfaces for 3-D shape description[J]. Computer Vision and Image Understanding，1995，61(2)：154-170.

[35] ZHOU B，WANG J，ZHAO B. Micromorphology characterization and reconstruction of sand particles using micro X-ray tomography and spherical harmonics[J]. Engineering Geology，2015，184(14)：126-137.

[36] SU D，YAN W M. 3D characterization of general-shape sand particles using microfocus X-ray computed tomography and spherical harmonic functions，and particle regeneration using multivariate random vector[J]. Powder Technology，2018，323：8-23.

[37] CHO G C，DODDS J，SANTAMARINA J. Particle shape effects on packing density，stiffness，and strength：natural and crushed sands [J]. Journal of Geotechnical and Geoenvironmental Engineering，2006，132(5)：591-602.

[38] LI Y，HUANG R，CHAN L S. Effects of particle shape on shear strength of clay-gravel mixture[J]. KSCE Journal of Civil Engineering，2013，17(4)：712-717.

［39］　ALSHIBLI K A，DRUCKREY A M，AL-RAOUSH R I，et al. Quantifying morphology of sands using 3D imaging［J］. Journal of Materials in Civil Engineering，2015，27(10)：04014275.

［40］　ATHANASIOS G，ATHANASSIADIS，Marc Z，et al. Particle shape effects on the stress response of granular packings［J］. Soft Matter，2014，10(1)：48-59.

［41］　RITESH G，SIMON S，WANG K，et al. Open-source support toward validating and falsifying discrete mechanics models using synthetic granular materials Part Ⅰ：Experimental tests with particles manufactured by a 3D printer［J］. Acta Geotechnica，2018，14：923-937.

［42］　HANAOR D A H，GAN Y，REVAY M，et al. 3D printable geomaterials ［J］. Geotechnique，2016，66(4)：323-332.

［43］　LI S X，ZHAO J，P L. Maximum packing densities of basic 3D objects［J］. Chinese Science Bulletin，2010，55(2)：114-119.

［44］　ZHAO S，ZHOU X，LIU W. Discrete element simulations of direct shear tests with particle angularity effect［J］. Granular Matter，2015，17(6)：793-806.

［45］　ZHAO S，ZHOU X，LIU W. Random packing of tetrahedral particles using the polyhedral discrete element method［J］. Particuology，2015，23(6)：109-117.

［46］　NG T T. Particle shape effect on macro- and micro-behaviors of monodisperse ellipsoids ［J］. International Journal for numerical and analytical methods in geomechanics，2009，33(4)：511-527.

［47］　GAN J Q，YU A B，ZHOU Z Y. DEM simulation on the packing of fine ellipsoids［J］. Chemical Engineering Science，2016，156：64-76.

［48］　MISKIN M Z，JAEGER H M. Adapting granular materials through artificial evolution［J］. Nature Materials，2013，12(4)：326-331.

［49］　MOLLON G，ZHAO J. 3D generation of realistic granular samples based on random fields theory and Fourier shape descriptors［J］. Computer Methods in Applied Mechanics &. Engineering，2014，279：46-65.

［50］　FERELLEC J F，MCDOWELL G R. A simple method to create complex particle shapes for DEM［J］. Geomechanics &. Geoengineering，2008，3(3)：211-216.

［51］　ZHENG J，HRYCIW R D. A corner preserving algorithm for realistic DEM soil particle generation［J］. Granular Matter，2016，18(4)：84.

［52］　WEI D，WANG J，NIE J，et al. Generation of realistic sand particles with fractal nature using an improved spherical harmonic analysis［J］. Computers and Geotechnics，2018，104：1-12.

［53］　WU M，WANG J，RUSSELL A，et al. DEM modelling of mini-triaxial test based on one-to-one mapping of sand particles［J］. Géotechnique，2021，71(8)：714-727.

［54］　KODICHERLA S K. Exploring the mechanical behaviour of granular materials considering particle shape characteristics：a discrete element investigation［D］. Liverpool：University of Liverpool，2021.

［55］　WU M，XIONG L，WANG J. DEM study on effect of particle roundness on biaxial shearing of sand［J］. Underground Space，2021，6(6)：678-694.

第 2 章　非规则颗粒形态获取

颗粒形态获取是进行颗粒几何形态重构的基础。 本章主要介绍非规则颗粒二维形态获取和三维形态获取的各类方法。 对于二维形态，介绍了静态获取和动态获取两种方法，同时介绍了数字图像的传统处理和机器视觉处理方法。 对于三维形态，介绍了结构光扫描、CT扫描以及近景摄影测量等方法。

2.1　非规则颗粒二维形态获取

颗粒二维形态获取的方式包括静态获取和动态获取两种。静态获取方式包括数码相机拍照和显微镜拍照,前者主要针对卵石、骨料等尺寸较大的颗粒,后者主要针对砂土颗粒等细颗粒。动态获取方式包括基于动态颗粒图像分析仪与激光粒度仪的二维形态获取。

2.1.1　二维数字图像获取

1. 数码相机拍照

在早期,对颗粒形状特征的研究主要是利用直接成像设备(照相机)获取颗粒影像,利用数字图像处理技术提取二维轮廓并进行几何特征分析。在获取影像时,为了方便后期的图像处理与轮廓提取,常将颗粒静置于平台上,并通过垂直于平台的照相机从某个角度进行拍摄。如 Cassel 等[1]将卵石颗粒均匀放置在 $1m^2$ 的红色板上,然后用数码相机进行垂直拍摄得到颗粒样本的数字图像,并研究了图像对比度和分辨率等因素的影响。Mora 等[2]采用电荷耦合原件(charge-coupled device,CCD)照相机对混凝土粗骨料进行拍摄,并进行了骨料的粒度分析和形态特征分析。Chang 等[3]在对卵石堆积层抗剪强度的研究中,采用数码相机对原位条件下的卵石颗粒进行拍摄,并采用图像分析软件 ImageJ 进行二值化处理,提取颗粒轮廓,进而得到了现场卵石层的颗粒尺寸分布信息。Masad 等[4]基于拍照获得的数字图像进行了骨料颗粒的棱角度和粗糙度定量分析。徐文杰等[5]基于数码相机拍照获取了裸露的土石混合体边坡中块石的颗粒形态。Zheng 等[6]对砂颗粒进行拍照处理,并基于数字图像处理技术与计算几何算法构建了砂颗粒的二维轮廓离散元模型库。

2. 显微镜拍照

采用相机直接进行拍摄的颗粒通常尺寸比较大,如卵石、砾石、粗骨料等,对这些颗粒采用数码相机拍摄得到的数字图像可以满足精度要求。对于砂土颗粒等较细的颗粒而言,采用相机直接拍摄精度往往达不到要求,此时可采用显微镜进行拍照。显微镜又分为光学显微镜(图 2.1)和扫描电镜(图 2.2),光学显微镜采用可见光作为光源,分辨率在 $0.2\sim0.5\mu m$ 之间,而扫描电镜采用电子束作为光源,分辨率更高,可达到 $1\sim3nm$。需要注意的是,光学显微镜的景深较低,因此对制样的要求较高;在观察前,需要对样品进行洗净、烘干,从而消除杂质对于观察结果造成的误差。

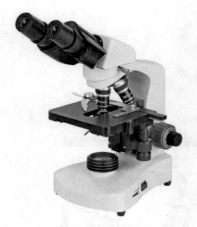

图 2.1　光学显微镜

图 2.2　扫描电镜

刘清秉等[7]采用光学显微镜观察砂土颗粒形状并获取其图像,如图 2.3 所示,同时对颗粒形状特征进行量化,并研究其对力学指标的影响。Bowman 等[8]采用扫描电镜获得了四组砂土颗粒的照片,如图 2.4 所示,并指出倾斜一定角度进行拍摄时,可产生电子阴影。电子阴影使颗粒形貌呈现出具有一定纵深的清晰形态,从而有利于得到更好的形状量化结果。

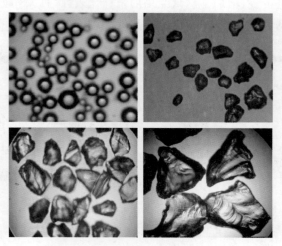

图 2.3　不同砂土颗粒的光学显微镜图像[7]

3. 动态颗粒图像分析仪与激光粒度仪

通过数码相机和显微镜获得的数字图像是静态的,一次只能获取较少数量的颗粒图像,如果需要在短时间内获得大量颗粒的二维图像,则可以利用动态颗粒图

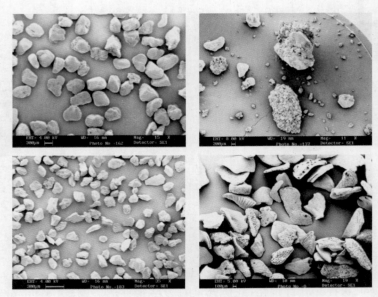

图 2.4　不同砂土颗粒的扫描电镜图像[8]

像分析仪(图 2.5)和激光粒度仪[9](图 2.6)。与静态图像分析仪相比,其单位时间内测量的颗粒数量更多,增加了测试结果的统计代表性,且操作方便、重复性好,因此大幅提高了测试效率,减少了人员操作和外界因素的干扰。

图 2.5　动态颗粒图像分析仪[9]　　　　　　　图 2.6　激光粒度仪[9]

　　动态颗粒图像分析仪是一种对大量高速运动颗粒直接进行粒度大小和粒形分析的快速分析仪器,其光学原理如图 2.7 所示。从脉冲光源发出的脉冲激光经过光束扩束器成为平行光束,将平行光束引导到分散系统的测试区域,在测试区域中平行光照射在分散的颗粒群上,经过光学成像系统,得到每个颗粒的图像,从而可以计算出颗粒的粒度分布。

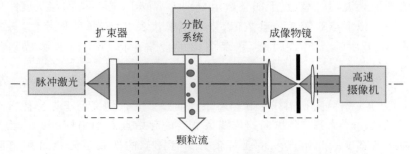

图 2.7　动态颗粒图像分析仪的光学测量原理

HELOS 型激光粒度仪与动态颗粒图像分析仪的光学测量原理非常相似。如图 2.8 所示,其主要利用颗粒对激光的衍射特性,脉冲激光照射到分散好的每个颗粒后将产生衍射光,经傅里叶光学透镜将衍射光转换为衍射图案,由多元光电探测器记录下来并转换成电信号,再通过接口将这些信号传输到计算机中。计算机依据光衍射理论对接收到的电信号进行处理和计算,即可以得到所测样品的粒度分布结果。

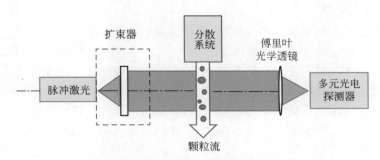

图 2.8　激光粒度仪的光学测量原理

2.1.2　二维数字图像的传统处理方法

通过各种成像设备获得颗粒的数字图像后,颗粒图像便以数字形式存储在计算机中,接下来可以通过多种处理技术对颗粒图像进行分析、处理和计算,进而得到颗粒二维轮廓特征信息。本小节主要介绍二维数字图像的传统处理方法。

1. 灰度图、二值图和彩色图的数字表达

数字图像在计算机中是由一个个完全独立的图像元素,亦称像素点组成的。每个像素点是一根横向扫描线条和一根纵向扫描线条的交汇区域。对于灰度图像

来说,每个像素点用一个整数值来代表它的灰色度(或亮度),取值范围为 0~255;对于二值图像来说,其像素点上的整数值分别为 0 或 1;彩色图像与灰度图像的区别在于每一个像素点对应 3 个整数值,分别用来代表红色、绿色和蓝色,每个整数的变化范围也为 0~255。因此,数字图像的像素点阵可用离散函数 $f(x,y)$ 表示[10]:

$$f(x,y) = K_{ij}(x_i \leqslant x < x_{i+1}; y_j \leqslant y < y_{j+1}) \tag{2.1}$$

式中,K_{ij} 为第 i 条纵向扫描线条和第 j 条横向扫描线条的交汇正方形像素点的灰色度(整数值);x_i 为第 i 条纵向扫描线条宽度的起始点 x 的坐标值;y_j 为第 j 条横向扫描线条宽度的起始点 y 的坐标值。数字图像的像素点阵也可用离散函数 $f(i,j)$ 表示[11]:

$$f(i,j) = \begin{pmatrix} f(1,1) & \cdots & f(1,M) \\ \vdots & & \vdots \\ f(N,1) & \cdots & f(N,M) \end{pmatrix} \tag{2.2}$$

式中,N、M 分别为图像中所包含的像素点阵的行数和列数。

对于彩色图像来说,则需要用三个离散函数来表示,即 $f_{red}(x,y)$、$f_{green}(x,y)$ 和 $f_{blue}(x,y)$。

2. 图像预处理

图像预处理的技术包括图像转换、图像增强和图像平滑。

(1) 图像转换的主要目的是将彩色图像转换为灰度图像,即将 3 通道 RGB 彩色图像转换为 1 通道灰度图像。灰度图像的数据量相比彩色图像少很多,因此图像转换后可显著降低后续处理的运算量。

图像转换的主要方法有平均法、最大最小平均法和加权平均法。

平均法将同一个像素位置 3 个通道 RGB 的值进行平均,即

$$f(x,y) = \frac{f_{red}(x,y) + f_{green}(x,y) + f_{blue}(x,y)}{3} \tag{2.3}$$

最大最小平均法取同一个像素位置的 RGB 中亮度最大的和最小的进行平均,即

$$f(x,y) = \frac{1}{2} \times \max[f_{red}(x,y), f_{green}(x,y), f_{blue}(x,y)] +$$

$$\frac{1}{2} \times \min[f_{red}(x,y), f_{green}(x,y), f_{blue}(x,y)] \tag{2.4}$$

加权平均法采用标准化加权系数 0.3、0.59 和 0.11 进行 RGB 值的加权平均,即

$$f(x,y) = 0.3 \times f_{red}(x,y) + 0.59 \times f_{green}(x,y) + 0.11 \times f_{blue}(x,y) \tag{2.5}$$

（2）图像增强是指通过技术手段改善图片质量，包括增强研究对象与背景之间的对比度、对重要特征进行加强以及扩大不同物体特征之间的差别，从而提升图像判读和识别效果，方便后续的图像分割。图像增强的技术可分为两大类：频率域法和空间域法。频率域法把图像看成一种二维信号，对其进行基于二维傅里叶变换的信号增强，如采用低通滤波去掉图中的噪声，采用高通滤波增强边缘等高频信号，使模糊的图片变得清晰。空间域法的常用算法包括局部求平均值法和中值滤波法等，中值滤波法通过取局部邻域中的中间像素值来去除或减弱噪声。

（3）图像平滑的主要目的是削弱图像中某些亮度变化过大的区域，或消除图像中的一些亮点（也称噪声），使图像亮度趋于平缓。图像平滑的主要方法包括线性滤波、中值滤波和自适应滤波等。线性滤波主要采用邻域平均法，即对于图像中的某个像素点，将其邻域内的所有像素取平均值作为该像素点的灰度。中值滤波对于图像中的某个像素点取其邻域的中值代表该点的灰度。自适应滤波指根据图片不同区域的特点，有针对性地选取适合的滤波方法及滤波参数。在图像处理中，邻域的形状可取方形、菱形、十字形等，邻域的大小可根据实际情况选择。应当注意的是，随着邻域的扩大，噪声虽然得到减弱，但图像边界的灰度值被平均化，边缘有效信息会损失。

3. 图像分割

图像分割是指在一幅图像中，把目标从背景中分离出来。从数学角度，图像分割是将数字图像划分成互不相交的区域的过程；从技术角度，一般根据灰度、彩色、空间纹理、几何形状等特征对图像进行划分，使得同一区域内这些特征表现出一致性或相似性，而不同区域间具有明显的不同。比如对于灰度图像，区域内部的像素一般具有灰度相似性，而在区域的边界上一般具有灰度不连续性。图像分割方法可以分为以下几类：基于阈值的分割方法、基于区域的分割方法及基于边缘检测的分割方法等[12]。

基于阈值的分割方法应用最为广泛，其算法简单，计算效率较高，尤其适用于目标和背景占据不同灰度级范围的图。阈值分割法首先基于图像的灰度特征来计算一个或多个灰度阈值，然后按照一定的顺序遍历整个图像，并将图像中每个像素的灰度值与阈值作比较，当图像中的像素灰度值大于或等于阈值时判别为一种物质，当像素灰度值小于阈值时则判别为另外一种物质。因此，灰度阈值的确定是该方法最为关键的一步。

双峰法和大津法是用来确定阈值的常用方法。双峰法[13]要求图像灰度直方图具有明显的双峰特征，利用直方图的分布特点选取阈值。大津法[14]（也称OTSU 算法）是基于最小二乘法的原理推导而来的，该方法确定阈值的原则是保证图像分割后前景与背景图像的类间方差最大，因此该方法又称作最大类间方差法。

由于方差是灰度分布均匀性的一种量度,背景和前景之间的类间方差越大,说明构成图像的两部分的差别越大,当目标错分为背景或者背景错分为目标时,其类间方差都会减小,类间方差最大意味着错分概率最小。

2.1.3 二维数字图像的机器视觉处理方法

1. 基于语义分割的颗粒轮廓提取

对图像进行二值化处理来提取颗粒轮廓,得到的轮廓精度通常十分有限,因此需要更精确的语义分割算法。U-net[15]是一种用于实现语义分割的深度神经网络,可以为颗粒轮廓的提取提供基础。Liang 等[16]使用轻量化的 U-net 网络实现了颗粒形状的提取。U-net 网络本质上是一种全卷积神经网络,且其架构在图像分割领域有较好的表现,需要的训练样本较少,可以很好地解决颗粒训练图片收集和标注难的问题。

轻量化的 U-net 模型主要包含卷积、池化与反卷积三个基本运算。其中,卷积是最为基本的一种运算。卷积运算过程如图 2.9 所示。首先在图像矩阵周围进行零填充,得到 I'_p。然后将一个 3×3 的方阵 K(又称 kernel,卷积核)按黄色箭头路径以固定步长 $S=1$ 滑过 I'_p,计算得到中间矩阵 Y,其中元素 y_{ij} 为卷积核 K 与 I'_p 上被覆盖的子矩阵的 Hadamard 积加和。将中间矩阵与偏置矩阵 B 共同输入激活函数(activation function)可以得到输出结果为特征图(feature map)。同一卷积层中可以有多个卷积核,因此可以输出多个特征图,特征图的数量也称为通道数。上

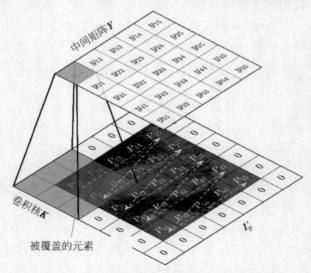

图 2.9　通过卷积运算得到中间矩阵 Y

一层卷积运算的输出可以作为下一层卷积运算的输入,这些卷积运算依次连接即可以形成神经网络中的卷积层。

池化操作是卷积神经网络中重要的操作。如图 2.10(a)所示,将一个 2×2 的方阵 $\mathbf{K}'$ 滑过输入矩阵并使步长 $S'=2$,采用最大池化,即输入矩阵为 $\mathbf{K}'$ 覆盖的子矩阵中的最大值。

反卷积可以视为卷积的逆运算,不同研究对反卷积定义不同,如上采样或转置卷积。以 Tensor Flow 中所推荐的反卷积运算为例[17],卷积层中的池化操作将输入进行了空间上的下采样,可以看成是特征提取和特征编码过程;而反卷积可以看成卷积的逆过程,即上采样,是特征的解码过程,其运算流程如图 2.10(b)所示。首先,将输入矩阵向右每隔一个元素填充 $S''-1$ 个零,其中 $S''=2$ 为反卷积步长。然后,类比 $\mathbf{I}_{\mathrm{p}}$ 进行外围零填充操作。最后,将所得矩阵进行卷积,即得到反卷积输出。

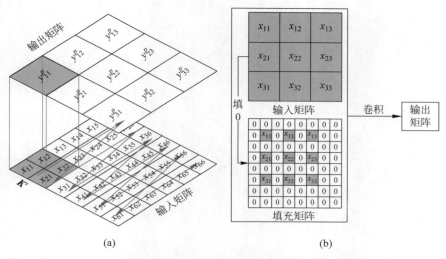

图 2.10　池化操作与反卷积操作

(a)池化操作示意图;(b)反卷积操作示意图

1) 轻量化 U-net 模型架构

轻量化 U-net 的整体架构如图 2.11 所示,首先,输入图片将进行随机失活处理并输入 4 个下采样块。在下采样块中,图片将进行卷积层编码和池化运算压缩。同时,每个下采样块的最后一组特征图将被复制并拼接至对应的上采样块中。经下采样块处理后,图片将被压缩至底部特征层。而后,底部特征将进行上采样块解码,并通过 4 个反卷积保证输出图片与输入图片同尺寸。最终,使用 Sigmoid 函数对输出图片进行二值化处理。

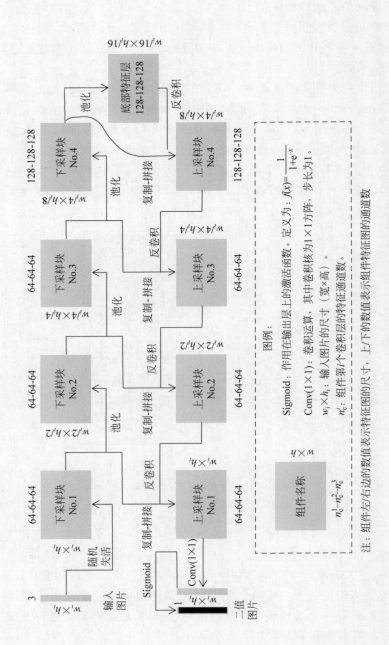

图 2.11 轻量化 U-net 整体架构

注：组件右下角边的数值表示特征图的尺寸，上下的数值层表示组件特征图的通道数

2) 数据集创建

收集和处理数据集是执行神经网络训练的重要步骤。我们利用佳能 70D 相机共拍摄收集了 6 张砂-卵石混合体图片及 6 张土-石混合体横切图片（图片为 3648×2432 像素，后文称全幅图片）。而后，对所有图片进行人工标注并在每类颗粒各随机取 4 张全幅图片，构成一个由 8 张全幅图片组成的数据集，用于生成训练集和测试集，剩余图像用于测试模型泛化能力。

为适应神经网络架构，输入、输出图片训练样本的尺寸应与输入层尺寸相匹配。因此，使用了滑窗法（sliding-window）对图片进行裁切。如图 2.12 所示，裁切过程可分为以下几步。

（1）将滑窗置于原始图片的左上角，以固定步长向右滑动，在滑窗所对应的每个位置，将相应图片进行裁切并储存。

（2）当滑窗右边界触碰或越过图像右边界，将滑窗还原至本行原始位置并向下移动一个步长进入下一行，重复步骤（1）。

（3）重复步骤（2）直至滑窗底部到达或越过图片底部边界。

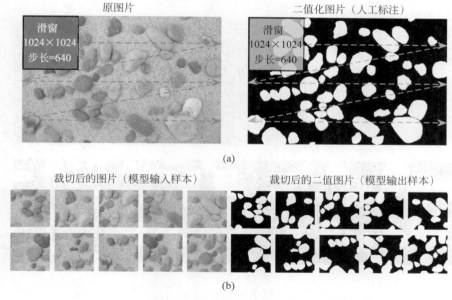

图 2.12　基于滑窗法的图片裁切

（a）从全幅图片上利用滑窗法进行裁切；（b）裁切后所得的样本

3) 轻量化 U-net 的训练

神经网络的训练本质上是针对一个具有超多变量复合函数的非凸优化问题。

通过渐进地修改神经网络参数(卷积核和偏置项参数等)来减少真实值与模型输出结果的误差。其中,真实值为训练集的标注标签。通常,该过程通过梯度下降算法优化给定的损失函数来实现。在选择损失函数时,需要考虑训练样本不均衡的问题。传统损失函数,如均方误差(MSE)、交叉熵(cross entropy)对不均衡样本训练结果泛化性较差。为解决这一问题,采用了加权二值化交叉熵损失函数(weighted binary cross entropy,WBCE)对模型进行训练。

在选择优化算法时,由于轻量化 U-net 含有大量的 ReLU 激活函数,当该函数的输入小于零时,其函数值和梯度永远为零。此时,相应的节点将不会因为训练而更新,从而使 U-net 模型产生梯度稀疏性。相较于传统的随机梯度下降算法,Adam[18] 算法可以更好地处理稀疏梯度模型,且需要的内存较少。因此本节选择 Adam 算法为目标函数优化算法。

训练完成的轻量化 U-net 可作为分类器对输入图片进行逐像素的颗粒或背景分类,其分类结果即为输入图片的二值化结果。然而,由于轻量化 U-net 的输入输出尺寸是固定的,单次的分类操作仅能处理固定尺寸的图片,为使其能够运用于任意尺寸的图片上,需采用重叠滑窗法进行自适应分类。最终得到结果如图 2.13 所示。

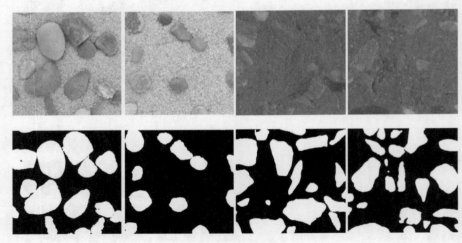

图 2.13　识别结果

2. 基于实例分割的颗粒轮廓提取

基于 U-net 的语义分割模型可以区分图像中的颗粒和背景,从而得到具有精细颗粒轮廓的二值化图像。但是该算法需要对二值化图像进行后处理来获取颗粒的轮廓信息,如分水岭法[19]、腐蚀泛洪法[20] 等。本节引入可以直接检测颗粒并获取颗粒轮廓信息的实例分割模型。实例分割是在像素级上识别和定位图像中感兴趣目标的过程,是计算机视觉领域中最困难的视觉任务之一。Mask R-CNN(掩码区域卷积神经网络)[21]是解决这一问题的最新模型之一。

1) Mask R-CNN 模型架构

Mask R-CNN 算法分为两个阶段。第一阶段基于输入图像生成可能存在的感兴趣目标的候选区域(region of interest,ROI)。第二阶段对每个 ROI 进行类别预测(是否包含颗粒),并细化边界框(bounding box),为每个 ROI 生成像素级掩码。其整体框架如图 2.14 所示。第一阶段包含作为特征提取器的主干卷积神经网络(backbone CNN)和生成候选 ROI 的区域提取网络(region proposal network,RPN),ROI Align 层将每个 ROI 调整为相同大小并将输出结果传递到第二阶段。第二阶段包含两个网络分支:第一个分支由卷积层和全连接层组成,用于目标分类(是否包含颗粒)和检测框细化;第二个分支为全卷积网络,用于像素级掩码的生成。

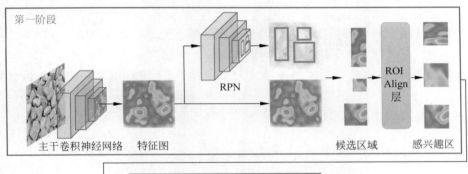

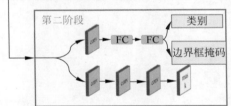

图 2.14　Mask R-CNN 实例分割模型框架

Mask R-CNN 中的主干卷积神经网络的输出是一个三维张量,即特征图。其特征提取能力决定了网络性能。主干卷积神经网络可以是标准的特征提取卷积神经网络,如 ResNet50、ResNet101、ResNetXt101 等。由于标准神经网络提取的特征空间分辨率低,导致实例分割的掩码不够精细。特征金字塔网络(feature pyramid network,FPN)可以进一步扩展上述标准网络,提高网络输出特征的空间分辨率,如图 2.15 所示。FPN 通过自下而上和自上而下两种路径从输入图像中提取特征。自下而上的路径为标准特征提取 CNN 的路径,随着计算向上进行,语义值随提取的高级特征数量增加而增加,但空间分辨率降低。在自上而下的路径中,特征图是从自下而上路径中的相应层结合其前一层的特征图构建的。在一定层数后,输出具有丰富语义的高分辨率特征图。

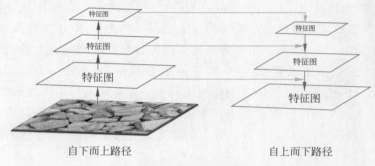

图 2.15　特征金字塔网络

将主干卷积神经网络提取得到的特征图输入候选区域提取网络,可以生成可能包含颗粒的区域,即 ROI。ROI 提取网络的工作原理如图 2.16 所示。RPN 结构包含两个分支,第一个分支是一个二分类网络,用于识别给定区域是否包含颗粒,第二个分支用于输出该区域中所包含颗粒更精细的边界框。输入 RPN 的初始候选区域是在特征图上的每个点生成的 k 个不同大小和比例的锚点框集合,通过

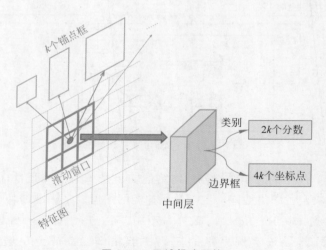

图 2.16　区域候选网络

RPN 二分类网络的区域即为 ROI(分类结果为包含颗粒),将继续传递到 Mask R-CNN 网络的下一层。

2) 图像获取和数据集标记

这里用佳能 70D 相机共拍摄收集了分辨率为 3024×4032 像素的 60 幅卵石和碎石图像,分别包含 1152 个和 1481 个卵石和碎石颗粒。根据 2∶1 的比例将数据集分为训练集和验证集。采用 VGG 图像标注器(VIA)[22]对获取的颗粒图像进行人工标记,如图 2.17 和图 2.18 所示。

(a)　　　　　　　　　　(b)

图 2.17　碎石图像标记示例

(a) 原始图像;(b) 标记图像

(a)　　　　　　　　　　(b)

图 2.18　卵石图像标记示例

(a) 原始图像;(b) 标记图像

3) Mask R-CNN 模型训练

由于数据集较小，无法完全训练一个参数随机初始化的 Mask R-CNN 网络，故借用迁移学习技术。迁移学习[23]是一种将在一个大数据集上训练的预训练模型迁移到小数据集上，修改模型结构并继续训练的技术（该过程称为模型微调）。迁移学习分为三个主要步骤。首先，根据新数据集中的对象类数修改预训练 Mask R-CNN 模型的头部网络，随机初始化修改后的头部网络参数，其他层参数不变。然后，以较小的学习率在新数据集上对修改后的预训练 Mask R-CNN 模型进行微调。最后，将最终的模型应用于新数据集的实例分割。

本节基于 detectron2[24] 实现了 Mask R-CNN 模型的建立，并选择 7 个 detectron2 提供的在 COCO 数据集上训练的具有不同主干网络的 Mask R-CNN 模型作为预训练模型。7 个网络的缩写分别为 R50-C4、R50-DC5、R50-FPN、R101-C4、R101-DC5、R101-FPN 和 X101-FPN。其中前缀 R50，R101、X101 分别表示该模型使用 ResNet50、ResNet101、ResNetXt101 作为主干网络，后缀 FPN 表示该主干网络带有 FPN 结构，后缀 C4 和 DC5 分别表示主干网络的一种简单变体（影响模型层数和最终的特征空间分辨率）。

4) Mask R-CNN 模型验证和选取

微调过程中的学习率参数固定为 0.0005。在碎石和卵石的验证数据集上，验证精度最高的模型为 X101_FPN 模型，其卵石和碎石的边界框和掩码的精度分别为 96.1%、91.4% 和 98.4%、86.6%，因此选择该模型进行颗粒轮廓的提取，对碎石和卵石颗粒的验证结果如图 2.19 所示。

(a)　　　　　　　　　　　　　　　　(b)

图 2.19　训练结果示例

(a) 碎石颗粒；(b) 卵石颗粒

2.2 非规则颗粒三维形态获取

颗粒三维形态获取的方式主要包括结构光扫描、X-ray CT 扫描和近景摄影测量。结构光扫描主要应用于较大尺寸颗粒的形态获取,X-ray CT 扫描主要应用于细颗粒的形态获取。相较于结构光扫描和 X-ray CT 扫描,近景摄影测量技术能够更加快速地获取目标物体的表面形貌信息。

2.2.1 结构光扫描技术

结构光扫描技术是一种非接触光学三维测量方法,其基本原理为使用计算机生成结构光图案,利用投影仪投影到物体表面,然后对图案进行解码等一系列图像处理来完成目标物体的三维重建。对于一些尺寸较大的颗粒,如骨料颗粒、砾石颗粒等,数量较多时采用 X-ray CT 扫描是不经济的,此时可采用结构光进行颗粒扫描。

典型的结构光扫描仪主要由投影仪和摄像机组成,如图 2.20 所示。投影仪在物体的表面上投射出一系列预先设计的图案或条纹。图案有多种形式,如随机散斑图案、二进制编码图案和正弦条纹图案等,其中正弦条纹图案具有对噪声、环境光或反射率变化的鲁棒性,可以获得较高的测量精度,应用最为广泛。当投影仪将条纹图案照射到物体表面时,如果物体表面是理想平面,则在相机视图中图案不会改变;如果物体表面具有一定的起伏,例如图 2.21 中的目标物体,则图案将在相机视图中改变。在进行结构光扫描测量时,投影仪的图案投影和相机的图像采集可通过计算机的垂直同步信号进行同步[25],成一定夹角的两个摄像头将同步采集被目标物体所调制的相应图案,然后对图案进行解码和相位计算,并利用匹配技术、三角形测量原理,解算出两个摄像机公共视区内像素点的三维坐标。

图 2.20 结构光扫描仪

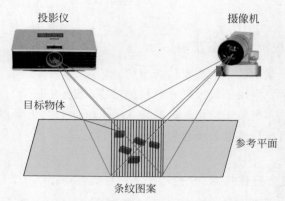

图 2.21　结构光扫描仪测量原理图示

　　如图 2.22 所示为结构光扫描技术重构混凝土颗粒的应用案例。首先浸泡、洗净混凝土骨料颗粒,保持样本混凝土骨料颗粒表面的洁净和真实,再将混凝土骨料颗粒烘干。为提高混凝土骨料的亮度,在扫描前利用着色剂对混凝土骨料颗粒进行着色处理,如图 2.22(a)所示;通过结构光扫描后所得到的骨料颗粒表面三维点云模型如图 2.22(b)所示。

(a)　　　　　　　　　　　　　　(b)

图 2.22　混凝土骨料颗粒结构光扫描
(a) 着色处理后的混凝土骨料颗粒;(b) 混凝土骨料颗粒三维点云模型

2.2.2　X-ray 断层扫描技术

　　X-ray 断层扫描(X-ray computed tomography,X-ray CT),是一种利用 X 射线照射并穿透待测样品形成明暗衬度的研究技术。X-ray CT 利用多角度投影、全方位扫描、探测设备接收及图像重构技术来获取待检测试件多个层面的清晰图像,进而可通过图像处理软件得到试件的三维立体图像。如图 2.23 所示,CT 扫描系统主要由 X 射线源、探测器和旋转系统(转台)等组成。在射线穿透物质的过程中,其强度呈指数关系衰减,不同物质对射线的吸收系数不同。在 X 射线穿透检测物体时,它的光强遵循下述方程:

$$I = I_0 \exp(-\mu x) \tag{2.6}$$

式中,I 为射线穿透物体后的光强;I_0 为射线穿透物体前的光强;μ 为材料对 X 射线的吸收系数;x 为入射射线的穿透长度。利用上式可以得到材料的 μ 值,对于 μ 值的定量描述通常采用 CT 数来表示,其关系表达式如下:

$$N_{CT} = (\mu - \mu_w)/\mu_w \times 1000 \tag{2.7}$$

式中,μ_w 为纯水对 X 射线的吸收系数。显然对于纯水而言,其 CT 数为 0;对于空气这种非衰减性材料($\mu=0$)而言,其 CT 数为 -1000。一般而言,物质的密度越大,其对 X 射线的吸收系数 μ 越大,CT 数越大。利用该原理,当放射源所发出的射线穿透岩土材料并经过探测器捕捉后,便可得到其内部不同岩土介质的 CT 数值,再经过数/模转换,即可得到扫描层面的 CT 图像[26-27]。

图 2.23 X-ray CT 扫描系统

　　CT 技术最初应用于医学领域,1972 年第一台头部 CT 扫描仪研制成功,1975 年第一台全身 CT 扫描机问世。由于人体不同组织对 X 射线的吸收率不同,因此借助 CT 扫描可以有效地诊断出人体病变部位。直到 20 世纪 90 年代,随着计算机科学的不断进步,CT 在工业方面逐渐得到应用,典型的工业 CT 如图 2.24 所示。工业 CT 的射线强度更高,可以得到区分多种物质的 CT 图像。近年来,工业 CT 已逐步应用于沥青混凝土的微观结构表征,如焦丽亚[12]基于 X-ray CT 扫描技术和图像处理技术揭示了不同级配条件下沥青混凝土的细观接触参数与宏观力学性能之间的联系。任俊达[28]基于 X-ray CT 扫描技术研究了沥青混合料试件的孔隙分布特征。涂志先[29]利用 X-ray CT 扫描技术开展了粗集料的三维形态特征研究。X-ray CT 扫描技术同时也被应用于研究颗粒材料的形态特征和微观力学性质,如 Cheng 等[30-32]在 2018 年通过 X-ray CT 扫描和一系列图像处理研究了颗粒材料在剪切状态下的粒间接触演化;在 2019 年通过对三轴剪切过程中的砂土颗粒进行原位 CT 扫描,获得了不同加载阶段的一系列 CT 图像,并利用图像分析技术对砂土颗粒的应变场进行了量化评价;在 2020 年通过微型三轴仪和 X-ray CT 扫描针对 LBS 砂土颗粒进行了微观力学性质的探究,定量研究了试验过程中试样的局部孔隙率、颗粒运动和体变分布的演化规律。Wang 等[33]利用 X-ray CT 扫描获取了骨料颗粒的一系列断层扫描图像,进行了单个颗粒的三维重构。Lin 等[34]提出了一种利用锥形束 XMT 获取三维颗粒形状的方法,并使用两种方法(边界法和体素法)对颗粒进行三维重构。在边界法中,颗粒形状可以表述为表面点云集合。在体素法中,许多小的体素组成了整个颗粒体,颗粒形状由体素在空间的分布决定。

图 2.24　工业 CT

图 2.25 所示为利用 X-ray CT 扫描仪(XRadia Micro XCT-400)扫描并重构出的平潭砂颗粒。平潭砂是一种天然的硅质砂,其颗粒形态主要分为圆形和亚圆形两大类,颗粒中二氧化硅的含量超过 96%。使用 1024×1024 像素的 X 射线照相机,并以 139keV 的电压和 $62\mu A$ 的电流激发 X 射线源,以颗粒的几何形状和材料成分为根据进行参数设置[35],从而达到 $10\mu m$/体素的分辨率。本次分两批共扫描了 104 个平潭砂颗粒,颗粒尺寸范围为 $1 \sim 2.8mm$。扫描前先将砂粒放入内径和高度均等于 10mm 的塑料管中,每个颗粒都被透明的塑料薄片有意分离(该透明塑料薄片的 X 射线吸收率比砂粒低得多),从而方便后续在图像处理过程中进行颗粒分割[36]。

图 2.25　平潭砂 X-ray 断层扫描三维重构

2.2.3　近景摄影测量技术

近景摄影测量技术是利用多部光学相机从不同角度对物体进行拍照,然后将所得照片导入计算机中进行处理,通过相关程序处理来重构目标物体的几何形貌特征,如尺寸、位置与形状等。该技术已在多个领域得到应用,如建筑设计[37-38]、工业加工[39-40]、土木工程[41-42]、生物医学[43-44]等领域。根据已有文献总结[45-47],与其他技术(如 CT 扫描技术)相比,近景摄影测量技术能更加快速地获取目标物体的表面形貌信息(包括颜色信息和几何信息)。

图 2.26 所示为采用数码相机、数码摄影箱及计算机搭建的近景摄影颗粒图像采集平台。由于自然环境中的光照条件不受控制,拍摄出来的图片会受到噪声的影响,从而降低图像拍摄的质量,给后期处理增加了困难。为了减少外界因素对图像的干扰,将颗粒放在小型摄影棚中进行拍摄,在摄影棚的顶部、底部以及侧面均安装有 LED 灯带,以消除颗粒阴影的影响。此外,摄影箱的内壁安装有白色背景

图 2.26　颗粒图像采集平台

板,以消除背景的干扰。

  近景摄影测量主要包括近景摄影和图像处理两个过程。如图 2.27(a)所示,首先分别从三个俯仰角(分别为 75°、45° 和 15°)对颗粒进行连续拍照,每次拍摄后将颗粒绕水平轴旋转一定的角度并再次进行拍照,通过控制每次拍摄的旋转角度来保证相邻两张照片的重叠率不低于 60%,从而实现照片对颗粒的全覆盖。如可设定转盘的转速为 5(°)/s。第一台相机在转盘每旋转 60°时拍一张照片,第二台与第三台相机的拍照频率为在转盘每旋转 30°时拍一张照片。因此转盘旋转一周时,第一台相机拍摄 6 张照片,第二台与第三台各拍摄 12 张照片,三台相机一共可以获得 30 张照片,如图 2.27(b)所示。完成一次拍摄后,颗粒底面的形貌信息未采集到,因此需要把颗粒翻转一个面,重新进行一次拍摄,即每个颗粒一共可以获得 60 张照片。拍摄完成后,利用商业软件 Photoscan 进行颗粒模型重构。首先,对照片进行特征点提取及配准,然后使用运动恢复结构方法[48-49]对颗粒的特征点进行稀疏重建,构建出稀疏点云。然后,以稀疏点云的空间点为种子点,使用基于块匹配的多视点三维稠密重建[50]确定更多的三维空间点,构建出如图 2.28(b)所示的颗粒

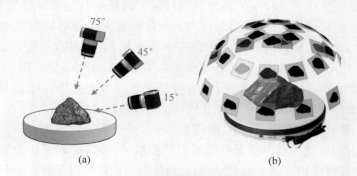

图 2.27 倾斜摄影测量扫描框架

(a) 近景摄影测量相机位置示意图;(b) 不同旋转角度颗粒拍摄照片示例

图 2.28 颗粒模型重建过程

(a) 原始岩土颗粒;(b) 点云模型;(c) 三角网格模型

表面点云模型。最后,对稠密重建出的三维点云进行泊松重建[51],从而构建出如图 2.28(c)所示的颗粒三角网格模型。

参 考 文 献

[1] CASSEL M,PIEGAY H,LAVE J,et al. Evaluating a 2D image-based computerized approach for measuring riverine pebble roundness[J]. Geomorphology,2018,311:143-157.

[2] MORA C,KWAN A,CHAN H. Particle size distribution analysis of coarse aggregate using digital image processing[J]. Cement & Concrete Research,1998,28(6):921-932.

[3] CHANG K T,CHENG M C. Estimation of the shear strength of gravel deposits based on field investigated geological factors[J]. Engineering Geology,2014,171:70-80.

[4] MASAD E,BUTTON J W. Unified imaging approach for measuring aggregate angularity and texture [J]. Computer-Aided Civil and Infrastructure Engineering, 2010, 15(4): 273-280.

[5] 徐文杰,王玉杰,陈祖煜,等.基于数字图像技术的土石混合体边坡稳定性分析[J].岩土力学,2008,29(1):345-350.

[6] ZHENG J,HRYCIW R D. An image based clump library for DEM simulations [J]. Granular Matter,2017,19(2):1-15.

[7] 刘清秉,项伟,BUDHU M,等.砂土颗粒形状量化及其对力学指标的影响分析[J].岩土力学,2011(S1):190-197.

[8] BOWMAN E T,SOGA K,DRUMMOND W. Particle shape characterisation using Fourier descriptor analysis[J]. Géotechnique,2000,51(6):545-554.

[9] KHLER U,STÜBINGER T,LIST J,et al. Investigations on non-Spherical Reference Material Using Laser Diffraction and Dynamic Image Analysis[J]. Particulate Systems Analysis,2008:1-5.

[10] 岳中琦.岩土细观介质空间分布数字表述和相关力学数值分析的方法、应用和进展[J].岩石力学与工程学报,2006,25(5):875-888.

[11] 徐文杰,岳中琦,胡瑞林.基于数字图像的土、岩和混凝土内部结构定量分析和力学数值计算的研究进展[J].工程地质学报,2007,15(3):289-313.

[12] 焦丽亚.基于 X-ray CT 技术的沥青混合料细观结构虚拟力学试验研究[D].南京:东南大学,2016.

[13] QIAN R,HUANG T S. Optimal edge detection in two-dimensional images[J]. IEEE Trans Image Process,1996,5(7):1215-1220.

[14] OTSU N. A Threshold selection method from gray-level histogram[J]. Automatica,1975, 11(23):285-296.

[15] RONNEBERGER O,FISCHER P,BROX T. U-net:Convolutional networks for biomedical image segmentation [C]//International Conference on Medical image computing and computer-assisted intervention. Springer,Cham,2015:234-241.

[16] LIANG Z,NIE Z,AN A,et al. A particle shape extraction and evaluation method using a

deep convolutional neural network and digital image processing[J]. Powder Technology, 2019,353: 156-170.

[17] DUMOULIN V, VISIN F. A guide to convolution arithmetic for deep learning[J]. 2016.

[18] KINGMA D P, BA J. Adam: a method for stochastic optimization[J]. arXiv preprint arXiv: 1412.6980,2014: 273-297.

[19] ZHENG J,HRYCIW R D. Segmentation of contacting soil particles in images by modified watershed analysis[J]. Computers and Geotechnics,2016,73: 142-152.

[20] LIU C,SHI B, ZHOU J, et al. Quantification and characterization of microporosity by image processing,geometric measurement and statistical methods: Application on SEM images of clay materials[J]. Applied Clay Science,2011,54(1): 97-106.

[21] HE K,GKIOXARI G, DOLLÁR P, et al. Mask r-cnn[C]//Proceedings of the IEEE international conference on computer vision,2017: 2961-2969.

[22] Dutta,Abhishek, Ankush Gupta, and Andrew Zissermann. VGG image annotator[EB/OL]. (2016). http://www. robots. ox. ac. uk/~vgg/software/via.

[23] PAN S J,YANG Q. A survey on transfer learning[J]. IEEE Transactions on Knowledge and Data Engineering,2009,22(10): 1345-1359.

[24] WU Y X,KIRILLOV A,MASSA F,et al. Detectron2[EB/OL]. (2019). https://github. com/facebookresearch/detectron2.

[25] SUN Q,ZHENG Y,LI B,et al. Three-dimensional particle size and shape characterization using structural light[J]. Géotechnique Letters,2019,9(1): 72-78.

[26] 郑克洪. 基于 X-Ray CT 的煤矸颗粒细观结构及破损特性研究[D]. 徐州：中国矿业大学,2016.

[27] 万成,张肖宁,王邵怀,等. 基于 X-CT 技术的沥青混合料三维数值化试样重建[J]. 公路交通科技,2010,27(11): 33-37.

[28] 任俊达. 基于 X-ray CT 沥青混合料细观结构及力学性能研究[D]. 哈尔滨：哈尔滨工业大学,2014.

[29] 涂志先. 基于 X-ray CT 与离散元法的沥青混合料数值模拟研究[D]. 广州：华南理工大学,2019.

[30] CHENG Z,WANG J. Experimental investigation of inter-particle contact evolution of sheared granular materials using X-ray micro-tomography[J]. Soils and Foundations, 2018,58(6): 1492-1510.

[31] CHENG Z,WANG J. Quantification of the strain field of sands based on X-ray micro-tomography: A comparison between a grid-based method and a mesh-based method[J]. Powder Technology,2019,344: 314-334.

[32] CHENG Z,WANG J,COOP M R,et al. A miniature triaxial apparatus for investigating the micromechanics of granular soils with in situ X-ray micro-tomography scanning[J]. Frontiers of Structural and Civil Engineering,2020,14(2): 357-373.

[33] WANG L B,FROST J D, LAI J S. Three-dimensional digital representation of granular material microstructure from X-ray tomography imaging[J]. Journal of Computing in Civil Engineering,2004,18(1): 28-35.

[34] LIN C L，MILLER J D. 3D characterization and analysis of particle shape using X-ray microtomography（XMT）[J]. Powder Technology，2015，154（1）：61-69.

[35] JENSEN R P，EDIL T B，BOSSCHER P J. Effect of particle shape on interface behavior of DEM-simulated granular materials[J]. International Journal of Geomechanics，2001，1（1）：1-19.

[36] 李天话，樊晓一，姜元俊. 岩土体颗粒级配对滑坡碎屑流冲击作用的影响研究[J]. 山地学报，2018，36（2）：121-129.

[37] 刘亚文. 利用数码相机进行房产测量与建筑物的精细三维重建[D]. 武汉：武汉大学，2004.

[38] 王井利，许睿. 基于非量测数码影像的古建筑三维模型重建[J]. 测绘通报，2016（S2）：230-233.

[39] 魏永强，张超，张益. 近景摄影测量在水利工程监测中的应用[J]. 山东水利，2011（6）：23-24.

[40] 谢胡明. 多基线近景摄影测量混合三维建模方法研究[J]. 工程与建设，2019，33（2）：110-112.

[41] 王隆. 基于数字近景摄影测量的隧道变形监测研究[D]. 重庆：重庆交通大学，2012.

[42] 田胜利，葛修润，涂志军. 隧道及地下空间结构变形的数字化近景摄影测量试验研究[J]. 岩石力学与工程学报，2006，25（7）：1309.

[43] 吴土金，陈信康，陈新文. 近景摄影测量在脑立体定位导向术中的应用[J]. 中国生物医学工程学报，1986（4）：30-39.

[44] 彭春. 多基线数字近景摄影测量技术在齿科石膏模型三维成像和测量中的应用[D]. 重庆：重庆医科大学，2013.

[45] 赵国强. 基于三维激光扫描与近景摄影测量数据的三维重建精度对比研究[D]. 焦作：河南理工大学，2012.

[46] 谭燕. 基于非量测数码相机的近景摄影测量技术研究[D]. 长沙：中南大学，2009.

[47] 陈新玺. 多基线普通数码影像近景摄影测量技术研究[D]. 南京：河海大学，2006.

[48] OPOWER H. Multiple view geometry in computer vision[J]. Optics and Lasers in Engineering，2002，37（1）：85-86.

[49] SNAVELY N，SEITZ S，SZELISKI R. Photo tourism：Exploring photo collections in 3D [J]. ACM Transactions on Graphics，2006，25（3）：835-846.

[50] FURUKAWA Y，PONCE J. Accurate，dense，and robust multiview stereopsis[J]. IEEE transactions on pattern analysis and machine intelligence，2009，32（8）：1362-1376.

[51] KAZHDAN M，HOPPE H. Screened poisson surface reconstruction[J]. Acm Transactions on Graphics，2013，32（3）：1-13.

第 3 章　非规则颗粒几何形态重构

　　本章介绍基于傅里叶展开的颗粒二维星形[1]和非星形[2]轮廓重构方法，以及基于球谐函数展开的三维星形[1]和非星形[3]表面重构方法。基于计算几何方法的非规则颗粒轮廓和表面重构是采用计算几何方法进行颗粒几何形态评价和随机颗粒生成的基础。

3.1　二维星形颗粒几何形态重构

通过数码相机、显微镜、QICPIC 动态图像分析仪等仪器设备获取的颗粒二维星形图像,经过图像处理后,其轮廓信息是一系列的离散点集坐标,利用基于傅里叶级数展开的颗粒轮廓重构方法,可根据这些离散的二维点集数据重构出连续的颗粒轮廓。该方法主要包含三个步骤:①轮廓点的坐标转换;②极坐标系下极径的傅里叶级数展开;③颗粒二维连续轮廓的重构。

3.1.1　轮廓点的坐标转换

图 3.1 所示为颗粒轮廓在笛卡儿坐标系下的二维点集数据。该数据的存储格式是按照闭合轮廓以其与 x 轴正方向的交点 P_1 为起始点、沿逆时针方向依次排列的离散点坐标。为了方便进行傅里叶展开,首先将坐标原点移至颗粒的几何中心,然后基于极坐标转换公式,即将笛卡儿坐标系下的离散点集 $P(x,y)$ 转换为极坐标系下的点集 $P'(x,y)$,从而得到颗粒轮廓各离散点的极角 φ 和极径 r,

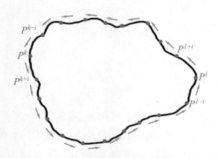

图 3.1　颗粒轮廓的数据点存储格式

$$\begin{cases} \varphi = \arctan \dfrac{y}{x} \\ r = \sqrt{x^2 + y^2} \end{cases} \tag{3.1}$$

由于星形颗粒的极角与极径存在一一对应的关系,所以各点的极径可视为极角的函数,即 $r = r(\varphi)$。

3.1.2　极坐标系下极径的傅里叶展开与重构

将颗粒轮廓上每个离散点的极径 r 用傅里叶级数表示为极角 $\varphi(0 \leqslant \varphi < 2\pi)$ 的函数,即

$$r(\varphi) = \sum_{n=0}^{N} [A_n \sin(n\varphi) + B_n \cos(n\varphi)] \tag{3.2}$$

式中,$r(\varphi)$ 为颗粒轮廓上离散点的极径;n 为傅里叶阶数;N 为傅里叶总阶数;A_n 和 B_n 为傅里叶系数。

令 $A_n = D_n \cos\delta_n$，$B_n = D_n \sin\delta_n$，可以将上式改写成

$$r(\varphi) = \sum_{n=0}^{N} D_n \sin(n\varphi + \delta_n) \tag{3.3}$$

式中，D_n 为第 n 阶正弦波的幅值；δ_n 为第 n 阶正弦波的相位角。

对于一个已知轮廓的颗粒，假设其轮廓被离散为 m 个间距相等的离散点集 $r_i \sim \varphi_i$，A_n 和 B_n 可以根据下式进行反算：

$$\begin{cases} \dfrac{A_n}{2} = \dfrac{1}{m} \sum_{i=1}^{m} \left[r_i \sin(n\varphi_i) \right] \\ \dfrac{B_n}{2} = \dfrac{1}{m} \sum_{i=1}^{m} \left[r_i \cos(n\varphi_i) \right] \end{cases} \tag{3.4}$$

基于所求得的 A_n 和 B_n，可以继续反算叠加各阶正弦波的幅值 D_n 与相位角 δ_n：

$$\begin{cases} D_n = \sqrt{A_n^2 + B_n^2} \\ \delta_n = \arctan \dfrac{B_n}{A_n} \end{cases} \tag{3.5}$$

基于式(3.1)，可通过颗粒轮廓上离散点的笛卡儿坐标求得各点的极坐标 $r_i \sim \varphi_i$，然后代入式(3.4)中可求解出傅里叶系数 A_n 和 B_n，进而根据式(3.5)算出 D_n 与 δ_n。于是对于任意极角 φ，可根据式(3.3)或式(3.2)求得该极角所对应的极径 r，再将其代入式(3.1)可以换算出颗粒轮廓在笛卡儿坐标系下的任意点坐标 $P(x, y)$，以上过程称为基于傅里叶变换的离散颗粒轮廓的连续重构。

3.2 二维非星形颗粒几何形态重构

对于非星形颗粒，从颗粒中心出发沿着某一方向的射线将与颗粒轮廓多次相交，即某一极角对应的极径并不唯一。由于极角和极径不存在一一对应关系，因而不能采用 3.1 节所介绍的针对极径的傅里叶级数展开公式对非星形颗粒轮廓进行重构。解决该问题的途径之一是 Clark[4] 提出的复数形式的傅里叶变换，该方法已成功应用于地质和岩土工程研究领域[5-6]。使用该方法，首先沿颗粒轮廓等间距取离散点，然后用傅里叶级数展开来表示离散轮廓点的复坐标。应用复数形式的傅里叶分析方法需满足两个限制条件：①离散轮廓点的总数必须等于 2^k（k 为正整数）；②离散点必须沿颗粒轮廓等间距分布。

本节介绍一种类似于复数形式傅里叶变换的方法，但该方法不需要以等间距对轮廓进行采样，同时点的总数也不再限于 2^k，因而具有更大的灵活性。该方法的主要步骤包括：①非星形颗粒轮廓点的弧长参数化；②轮廓点 x、y 坐标的傅里

叶级数展开和重构。

3.2.1　非星形颗粒轮廓点的弧长参数化

本方法理论上允许选择任意点作为坐标系原点,为方便计算,通常选择颗粒的几何(或质量)中心作为坐标原点。对于一个确定的二维颗粒轮廓而言,其几何中心和两个主轴方向也是确定的。如图 3.2(a)所示,可先将坐标系的原点平移至颗粒的几何中心,再通过旋转使颗粒的一个主轴方向与 x 轴重合,另一个主轴方向与 y 轴重合。

为对非星形颗粒轮廓上的点进行弧长参数化,首先将这些点映射到与颗粒轮廓具有相同周长的圆上,如将图 3.2(a)中的 A、B 和 C 点映射到图 3.2(b)中的 A'、B' 和 C' 点,在映射过程中保持相邻点之间的距离不变,然后确定每个映射点的极角,如 B' 点所对应的 φ_B'。由于每个点与起始点(如图 3.2(a)中的 A 点)的弧长距离都不同,因此映射后的点的极角 φ' 也不同,可以作为表征轮廓曲线上各点的参数。

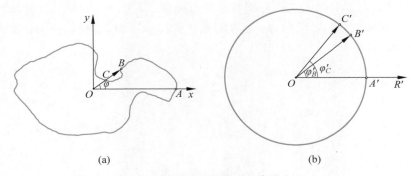

(a)　　　　　　　　　　　　　　　(b)

图 3.2　非星形颗粒弧长参数化

(a) 非星形颗粒轮廓点;(b) 映射点的极角

3.2.2　轮廓点 x、y 坐标的傅里叶级数展开和重构

将颗粒轮廓上每个点的水平坐标 x 和垂直坐标 y 用傅里叶级数表示为极角 $\varphi'(0 \leqslant \varphi' < 2\pi)$ 的函数,即

$$x(\varphi') = a_{x0} + \sum_{n=1}^{N} \left[a_{xn} \cos(n\varphi') + b_{xn} \sin(n\varphi') \right] \tag{3.6a}$$

$$y(\varphi') = a_{y0} + \sum_{n=1}^{N} \left[a_{yn} \cos(n\varphi') + b_{yn} \sin(n\varphi') \right] \tag{3.6b}$$

式中,x 和 y 为颗粒轮廓上各点的坐标;n 为傅里叶阶数;N 为傅里叶总阶数,

a_{x0}、a_{y0}、a_{xn}、a_{yn}、b_{xn}、b_{yn} 为傅里叶系数。

　　基于式(3.6)，可通过颗粒轮廓上离散点的坐标来求解傅里叶系数。当傅里叶总阶数为 N 时，系数总个数为 $4N+2$。另一方面，如果离散点数为 M，则坐标总数为 $2M$。因为离散点个数 M 通常远大于总阶数 N（例如图 3.4 中的 $M=176$，而 $N \leqslant 40$），可采用最小二乘法对式(3.6)求解。求解出傅里叶系数后，对于任意的极角 φ'，将其代入式(3.6)便可求得该极角所对应颗粒轮廓点在笛卡儿坐标系下的坐标，这一过程即为基于傅里叶变换的二维非星形颗粒轮廓重构。

3.2.3　傅里叶总阶数和极角间距对非星形颗粒轮廓重构的影响

　　可采用不同的傅里叶总阶数 N 和极角分布对颗粒轮廓进行重构。一般采用等间距极角，即极角间距 $\Delta \varphi'=2\pi/w$（其中 w 为极角间隔数，可取 90、180、360 和 720 等）。

　　采用不同的傅里叶总阶数 N 所重构出的颗粒轮廓形态相似度不同。如图 3.3 所示，当 $N=1$ 时，重构后的轮廓为椭圆，该椭圆的长短轴比和原轮廓近似。当 $N=5$ 时，重构后的轮廓及总体形貌和原轮廓接近；随着 N 的增大，原轮廓的一些细部特征，如局部凸起和凹陷开始逐步显现；当 $N=25$ 时，重构颗粒的轮廓与原颗粒轮廓基本相同。

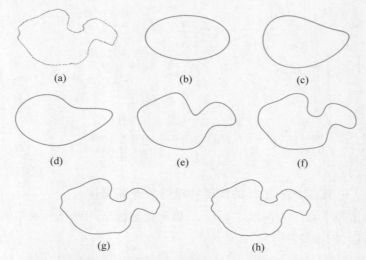

图 3.3　傅里叶总阶数对重构颗粒几何形态的影响（$w=360$）
(a) 原轮廓点；(b) $N=1$；(c) $N=2$；(d) $N=3$；(e) $N=5$；(f) $N=10$；(g) $N=25$；(h) $N=40$

　　图 3.4 比较了采用不同极角间距 $\Delta \varphi'$ 时重构出的轮廓，其傅里叶总阶数 N 均为 25。从图中可以看出，极角间距比较大时（即间隔数 w 较小时），重构出的轮廓

丢失了原轮廓的局部信息。当 $w=90$ 时，重构轮廓基本再现了原轮廓的几何形态。随着间隔数 w 进一步增大，可保证更细部的信息可以重现。

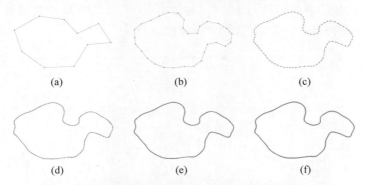

图 3.4　极角间隔数对重构颗粒几何形态的影响（$N=25$）

(a) $w=10$；(b) $w=30$；(c) $w=90$；(d) $w=180$；(e) $w=360$；(f) $w=720$

　　傅里叶总阶数和极角间距对非星形颗粒轮廓重构效果的影响可通过对比原颗粒和重构颗粒的面积和周长进行量化。不规则颗粒的面积 A 可通过对向量 $(x(\varphi')-x_0, y(\varphi')-y_0)^{\mathrm{T}}$ 和 $(x'(\varphi'), y'(\varphi'))^{\mathrm{T}}$ 的叉积进行积分得到，即

$$A = \frac{1}{2} \int_0^{2\pi} \begin{vmatrix} x(\varphi')-x_0 & y(\varphi')-y_0 \\ x'(\varphi') & y'(\varphi') \end{vmatrix} \mathrm{d}\varphi' \tag{3.7}$$

式中，x_0、y_0 为颗粒中心的坐标；$x'(\varphi')$、$y'(\varphi')$ 分别为 $x(\varphi')$、$y(\varphi')$ 对 φ' 的导数，可由下式计算得到：

$$x'(\varphi') = \sum_{n=1}^{N} \left[-n a_{xn} \sin(n\varphi') + n b_{xn} \cos(n\varphi') \right] \tag{3.8a}$$

$$y'(\varphi') = \sum_{n=1}^{N} \left[-n a_{yn} \sin(n\varphi') + n b_{yn} \cos(n\varphi') \right] \tag{3.8b}$$

　　不规则颗粒的周长 P 可通过对弧长进行积分得到，即

$$P = \int_0^{2\pi} \sqrt{[x'(\varphi')]^2 + [y'(\varphi')]^2} \, \mathrm{d}\varphi' \tag{3.9}$$

　　图 3.5(a) 和 (b) 分别为采用不同傅里叶总阶数和极角间距进行轮廓重构后计算得到的颗粒面积、周长与原颗粒面积、周长的比值。从中可以看出，当 $w=10$ 时，重构颗粒面积比原颗粒面积大了约 14%，而重构颗粒周长比原颗粒周长稍大一些；当 $w=90$ 时，重构颗粒面积与原颗粒面积基本一致，而重构颗粒周长与原颗粒周长的差别也在 1% 以内。当 N 较小时（如 $N=1,2,3$），重构颗粒面积和周长都远小于原颗粒，这是由于重构颗粒的形态与原颗粒的形态差距较大，如图 3.4 所示。当 $N=10$ 时，重构颗粒面积与原颗粒面积基本一致，但周长仍然有明显差别。

当 $N=25$ 时,重构颗粒周长只比原颗粒周长小 1‰,说明颗粒的主要形态已经基本重现。Wang 等[7]认为,傅里叶级数低频部分($1 \leqslant n \leqslant 4$)决定颗粒的形状,中频部分($5 \leqslant n \leqslant 25$)决定颗粒的棱角度,而高频部分($n>25$)决定颗粒的粗糙度,在重构过程中,应根据需要选择合适的傅里叶总阶数。

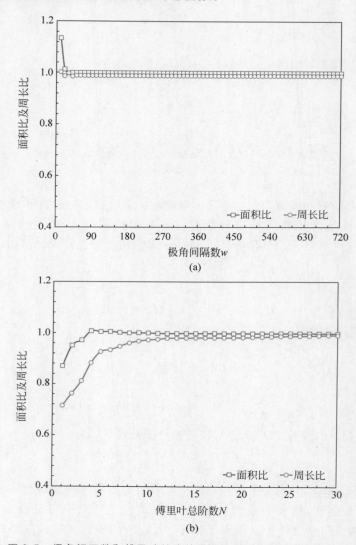

图 3.5 极角间隔数和傅里叶总阶数对重构颗粒面积和周长的影响
(a) 极角间隔数 w 的影响($N=25$); (b) 傅里叶总阶数 N 的影响($w=360$)

3.3 三维星形颗粒几何形态重构

通过结构光扫描、X-ray CT 扫描、摄影测量法等获取的三维星形颗粒表面形貌信息是一系列离散点云坐标,采用基于球谐函数展开的颗粒表面形态重构方法,可基于离散的表面点云数据重构出连续的表面形态。该方法主要包含三个步骤: ①点云数据的坐标转换;②极坐标系下极径的球谐函数展开;③三维颗粒连续表面的重构。

3.3.1 点云数据的坐标转换

通常获取的三维颗粒表面形态信息是以在笛卡儿坐标系下的三维点云坐标数据表示的,为了方便进行基于球谐函数的形态重构,首先将坐标轴原点移到颗粒的几何中心,然后利用极坐标转换公式,即

$$\begin{cases} r = \sqrt{x^2 + y^2 + z^2} \\ \theta = \arcsin \dfrac{z}{\sqrt{x^2 + y^2 + z^2}} \\ \varphi = \arctan \dfrac{y}{x} \end{cases} \tag{3.10}$$

将笛卡儿坐标系下的离散点集 $P(x,y,z)$ 转换为球坐标系下的点集 $P'(r,\theta,\varphi)$,从而得到颗粒表面各离散点的极角 θ、方位角 φ 和极径 r,各点的极径可视为极角 θ、方位角 φ 的函数,即 $r = r(\theta,\varphi)$。

3.3.2 极坐标系下极径的球谐展开与重构

球谐函数是拉普拉斯方程的球坐标系形式的解。基于球谐函数分析,可将表征颗粒表面形态的极径函数 $r = r(\theta,\varphi)$ 展开为一系列不同阶数的球谐正交基函数(勒让德多项式)的线性组合,即

$$r(\theta,\varphi) = \sum_{n=0}^{N} \sum_{m=-n}^{n} a_n^m Y_n^m(\theta,\varphi) \tag{3.11}$$

其中,N 为所用球谐基函数的总阶数;$Y_n^m(\theta,\varphi)$ 表示阶数为 n、次数为 m 的球谐基函数;a_n^m 为球谐基函数 $Y_n^m(\theta,\varphi)$ 对应的系数,系数总数为 $(n+1)^2$。复数形式的球谐基函数 $Y_n^m(\theta,\varphi)$ 的表达式为

$$Y_n^m(\theta,\varphi) = \sqrt{\frac{(2n+1)(n-|m|)!}{4\pi(n+|m|)!}} P_n^m(\cos\theta) e^{im\varphi} \tag{3.12}$$

式中, $i = \sqrt{-1}$; $P_n^m(x)$ 为伴随勒让德多项式, 其表达式为

$$P_n^m(x) = (-1)^{|m|} \cdot (1 - x^2)^{\frac{|m|}{2}} \cdot \frac{d^{|m|} P_n(x)}{dx^{|m|}} \tag{3.13}$$

式中, $P_n(x)$ 为 n 阶勒让德多项式:

$$P_n(x) = \frac{1}{2^n n!} \frac{d^n \left[(x^2 - 1)^n \right]}{dx^n} \tag{3.14}$$

第 1 阶到第 4 阶球谐基函数对应的三维几何形态如图 3.6 所示。可见, 第 1 阶 ($n=1$) 球谐基函数对应一个球面, 随着阶数的增加, 球谐基函数的频率越高, 对应的形状越复杂。

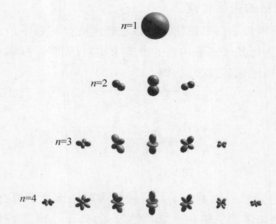

图 3.6   第 1 阶到第 4 阶球谐基函数对应的三维几何形态

为重构颗粒的连续表面形态, 首先通过式 (3.11) 求解球谐系数。由于颗粒表面离散点的数量 N_p 通常远大于球谐系数的个数 $(N+1)^2$, 将颗粒表面离散点在球坐标系下的坐标代入式 (3.11) 后, 可采用最小二乘法求解线性方程组, 得到球谐系数。求解出球谐系数后, 可根据式 (3.11) 计算得到任意极角和方位角的组合 (θ, φ) 下对应的极径 r , 从而重构出颗粒的连续表面形态。

3.4   三维非星形颗粒几何形态重构

对于非星形三维颗粒, 从颗粒中心出发沿着某一方向的射线将与颗粒轮廓多次相交, 即存在某极角和方位角组合 (θ, φ) 下对应的极径 r 不唯一的情况, 因而不能采用 3.3 节所介绍的针对极径的球谐函数展开对非星形三维颗粒几何形态进行重构, 而应采用针对颗粒表面点 (x, y, z) 坐标的球谐函数展开的方法进行重构, 其具体步骤包括: ①创建从三维闭合表面到单位球体的一对一映射, 以便将颗粒表

面上每个点与单位球体的极坐标一一对应,此过程称为球面参数化;②将颗粒表面点(x,y,z)坐标进行 0 阶球谐函数展开,以确定颗粒中心坐标并将坐标系的原点移至颗粒中心;③求解颗粒主轴方向,然后旋转颗粒使得颗粒的长、中和短主轴与全局坐标系的 x、y 和 z 轴对齐;④颗粒表面点(x,y,z)坐标的 N 阶球谐函数展开和重构。

3.4.1　非星形颗粒表面点坐标的球面参数化

球面参数化是弧长参数化的三维拓展,它创建了从三维闭合表面(物理空间)到单位球体(参数空间)的连续一对一映射[8-9]。通过球面参数化,颗粒表面的每个点都唯一映射到单位球面上的一个点,如图 3.7(a)中的点 A 到图 3.7(b)中的点 A',于是单位球面上每一个点的极角 $\theta(\theta\in[0,\pi])$ 和方位角 $\varphi(\varphi\in[0,2\pi])$ 的组合 (θ,φ) 都可唯一标识颗粒表面上的一个点,即为该点的球面参数。球面参数化是通过 SPHARM-MAT 程序完成的[10]。

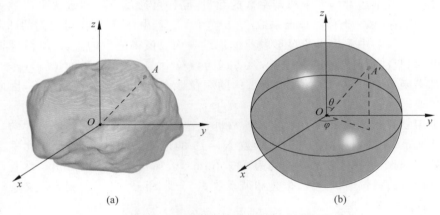

图 3.7　非星形颗粒表面点坐标的球面参数化
(a) 物理空间;(b) 参数空间

3.4.2　颗粒表面点(x,y,z)坐标的球谐函数展开与重构

球面参数化之后,可将颗粒表面点的坐标 $\boldsymbol{X}=(x,y,z)$ 表示为球面参数 (θ,φ) 的函数,即

$$\boldsymbol{X}(\theta,\varphi)=[x(\theta,\varphi),y(\theta,\varphi),z(\theta,\varphi)] \tag{3.15}$$

将三个坐标分量 $x(\theta,\varphi)$、$y(\theta,\varphi)$ 和 $z(\theta,\varphi)$ 分别进行球谐函数展开,即

$$x(\theta,\varphi)=\sum_{n=0}^{\infty}\sum_{m=-n}^{n}c_{xn}^{m}\mathrm{Y}_{n}^{m}(\theta,\varphi) \tag{3.16a}$$

$$y(\theta,\varphi) = \sum_{n=0}^{\infty} \sum_{m=-n}^{n} c_{yn}^m Y_n^m(\theta,\varphi) \tag{3.16b}$$

$$z(\theta,\varphi) = \sum_{n=0}^{\infty} \sum_{m=-n}^{n} c_{zn}^m Y_n^m(\theta,\varphi) \tag{3.16c}$$

式中，c_{xn}^m、c_{yn}^m 和 c_{zn}^m 分别为 x 坐标、y 坐标和 z 坐标对应的球谐系数；$Y_n^m(\theta,\varphi)$ 为阶数为 n、次数为 m 的球谐基函数。球谐基函数可采用式(3.12)所示的复数形式，也可采用如下的实数形式：

$$Y_n^m(\theta,\varphi) = \sqrt{\frac{(2n+1)(n-m)!}{4\pi(n+m)!}} P_n^m(\cos\theta)\cos(m\varphi), \quad m \geqslant 0 \tag{3.17a}$$

$$Y_n^m(\theta,\varphi) = \sqrt{\frac{(2n+1)(n-|m|)!}{4\pi(n+|m|)!}} P_n^{|m|}(\cos\theta)\sin(|m|\varphi), \quad m < 0$$
$$\tag{3.17b}$$

当采用实数形式的球谐函数时，球谐系数 c_{xn}^m、c_{yn}^m 和 c_{zn}^m 也均为实数。由于颗粒表面点的数量通常远大于球谐系数的数量，同样可通过最小二乘法由离散点的 x 坐标、y 坐标和 z 坐标将球谐系数 c_{xn}^m、c_{yn}^m 和 c_{zn}^m 解出，然后将求解得到的球谐系数代入式(3.16)中重构出非星形颗粒的连续表面。值得注意的是，以 0 阶球谐函数展开时，只能得到一个点的坐标，该点即为颗粒中心，表示为 $\boldsymbol{X}_0 = (x_0, y_0, z_0)$。随着球谐函数总阶数 N 的增大，所重构的颗粒形态与真实颗粒逐渐接近，因此应根据需要选择合适的 N 值。

采用复数球谐函数和实数球谐函数进行颗粒表面重构的效果是一样的。如图 3.8 所示，在采用相同的球谐总阶数 $N=15$ 的情况下，重构出的颗粒几乎没有任何差别，两个重构颗粒的体积均为 0.674mm^3，表面积均为 4.23mm^2。尽管两种方法重构出的颗粒形状一致，但是球谐系数 c_{xn}^m、c_{yn}^m 和 c_{zn}^m 并不相同。定义阶数为 n 时的系数幅值为

$$a_{xn} = \sqrt{\sum_{m=-n}^{n} \|c_{xn}^m\|^2}, \quad a_{yn} = \sqrt{\sum_{m=-n}^{n} \|c_{yn}^m\|^2}, \quad a_{zn} = \sqrt{\sum_{m=-n}^{n} \|c_{zn}^m\|^2}$$
$$\tag{3.18}$$

图 3.9 比较了两种方法得到的球谐系数幅值随阶数 n 的变化，可以清楚地看到，尽管实系数和复系数的幅值都随着 n 的增加而下降，但每个阶数 n 的系数幅值并不相同。当采用复数球谐函数进行重构时，每个球谐系数均包含实部与虚部两个实数，若采用实数球谐函数，在颗粒重构过程中相应的球谐系数的实数个数将减少一半，这会显著提高计算效率。

(a)　　　　　　　　　　　　　(b)

图 3.8　基于实数球谐函数和复数球谐函数重构颗粒的对比

（a）基于实数球谐函数重构；（b）基于复数球谐函数重构

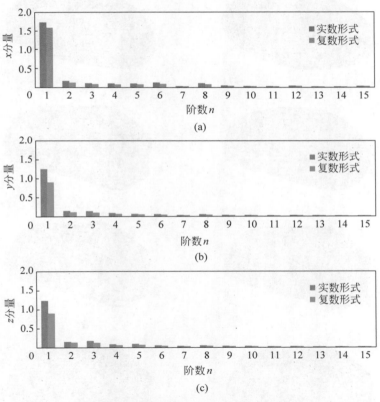

图 3.9　系数幅值随阶数 n 的变化规律

（a）x 分量；（b）y 分量；（c）z 分量

3.4.3 球谐函数总阶数 N 和网格密度对非星形颗粒重构精度的影响

球谐函数所取的总阶数 N 是影响颗粒表面形貌表征精度的重要因素,随着阶数 N 的增大,参与表征的高阶球谐基越多,所表征的颗粒形态与真实颗粒越近似,所包含的表面形态信息越精细。图 3.10 所示为某颗粒采用 $N=1,3,5,10,15,20,25$ 和 30 时所重构出的颗粒几何形态。可以看出,当 $N=1$ 时,所重构出的颗粒为椭球形,该椭球颗粒的细长度和扁平度接近于真实颗粒。随着 N 的增加,颗粒表

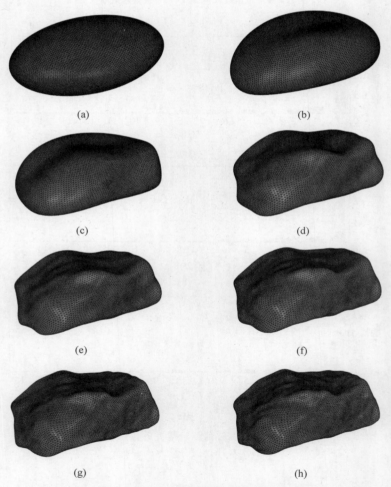

图 3.10 球谐函数总阶数 N 对重构颗粒的影响

(a) $N=1$; (b) $N=3$; (c) $N=5$; (d) $N=10$; (e) $N=15$; (f) $N=20$; (g) $N=25$; (h) $N=30$

面形貌逐渐接近真实颗粒,重构精度越来越高。

网格密度对非星形颗粒重构精度也有着重要的影响。如图 3.11 所示,通常可采用 20 面体网格或基于 20 面体的细分网格。将 20 面体的每个三角形网格再细分为四个相同的三角形,可以生成 80 面体网格(称为 20 面体的 1 级细分)。同样,将 20 面体网格进行 2 级、3 级、4 级和 5 级细分,可分别得到 320、1280、5120 和 20480 面体网格。计算网格每个节点的极角 θ 和方位角 φ,代入式(3.16)即可计算出对应节点的 (x,y,z) 坐标。图 3.12 给出了用不同密度三角形网格所重构出的一个颗粒,重构时 N 均设置为 25。从图 3.12 中可以看出,当网格较稀疏时(20 面体和 80 面体),重构颗粒只能体现出真实颗粒的整体形状指标,例如细长度和扁平度。随着网格数量的增加,颗粒的重构精度逐渐提高,颗粒表面纹理也逐步显现出来。

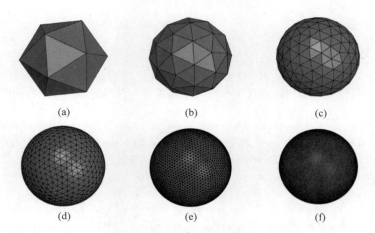

图 3.11 不同密度的三角形网格

(a) 20 面体;(b) 80 面体;(c) 320 面体;(d) 1280 面体;(e) 5120 面体;(f) 20480 面体

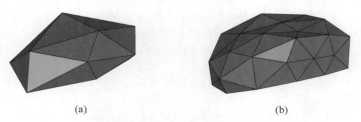

图 3.12 网格密度对重构颗粒的影响

(a) 20 面体网格;(b) 80 面体网格;(c) 320 面体网格;(d) 1280 面体网格;
(e) 5120 面体网格;(f) 20480 面体网格

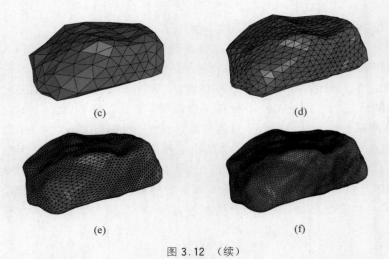

图 3.12 （续）

参 考 文 献

[1] 王翔. 岩土颗粒的几何形态评价与细观模型重构及其离散元应用[D]. 长沙：中南大学, 2020.

[2] SU D, XIANG W. Characterization and regeneration of 2D general-shape particles by a Fourier series-based approach[J]. Construction and Building Materials, 2020, 250: 118806.

[3] SU D, YAN W M. 3D characterization of general-shape sand particles using microfocus X-ray computed tomography and spherical harmonic functions, and particle regeneration using multivariate random vector[J]. Powder Technology, 2018, 323: 8-23.

[4] CLARK M W. Quantitative shape analysis: A review[J]. Journal of the International Association for Mathematical Geology, 1981, 13(4): 303-320.

[5] THOMAS M C, WILTSHIRE R J, WILLIAMS A T. The use of Fourier descriptors in the classification of particle shape[J]. Sedimentology, 1995, 42(4): 635-645.

[6] BOWMAN E T, SOGA K, DRUMMOND W. Particle shape characterisation using Fourier descriptor analysis[J]. Géotechnique, 2000, 51(6): 545-554.

[7] WANG L, WANG X, MOHAMMAD L, et al. Unified method to quantify aggregate shape angularity and texture using Fourier analysis[J]. Journal of Materials in Civil Engineering, 2005, 17(5): 498-504.

[8] BRECHBÜHLER C, GERIG G, KÜBLER O. Parametrization of closed surfaces for 3-D shape description[J]. Computer Vision and Image Understanding, 1995, 61(2): 154-170.

[9] SHEN L, FARID H, MCPEEK M A. Modeling three-dimensional morphological structures using spherical harmonics[J]. Evolution: International Journal of Organic Evolution, 2009, 63(4): 1003-1016.

[10] SHEN L. SPHARM-MAT Documentation, Release 1. 0. 0[EB/OL]. (2010). https://www. med. upenn. edu/shenlab/spharm-mat. html.

第 4 章   非规则颗粒形态评价

在非规则颗粒轮廓和表面重构的基础上，可进行颗粒几何形态的量化评价。本章主要介绍二维颗粒与三维颗粒各项形态评价指标的定义与计算方法，同时介绍一些真实颗粒的形态评价实例。颗粒几何形态评价是进一步研究几何形态对岩土颗粒材料力学行为影响的基础，同时可以为研究人员在离散元模拟中生成与实际岩土颗粒材料几何形状更相符的数值模型提供依据。

4.1 二维非规则颗粒形态评价指标定义及计算方法

如第 1 章所述,颗粒几何形态主要分为三个层次:整体形状、棱角度或磨圆度、粗糙度。本节在此基础上详细介绍二维颗粒的各项形态指标的定义及计算方法,主要包括主尺度、细长度、圆形度、凹凸度、磨圆度、棱角度和粗糙度。

4.1.1 主尺度

二维非规则颗粒的主尺度包括长轴长度 l_1^{2D} 和短轴长度 l_2^{2D},它们是确定二维非规则颗粒尺寸和其他形态指标的重要参数。为了评估二维非规则颗粒的主尺度,首先基于 Minkowski 张量法或主成分分析法(principal component analysis,PCA)确定颗粒的两个主轴方向,然后旋转颗粒以使其主轴与笛卡儿轴对齐,即可测量长轴长度 l_1^{2D} 和短轴长度 l_2^{2D}。

1. Minkowski 张量法

根据 Minkowski 张量 $W_1^{0,2}$ 的定义[1],引入类似的二阶张量来量化二维非规则颗粒轮廓的主方向。首先将二维非规则颗粒轮廓离散为 N_p 个微元弧段,然后构建如下基于颗粒轮廓法向量的二阶张量:

$$\Omega_{ij} = \frac{1}{L_\text{p}} \sum_{k=1}^{N_\text{p}} l^k T_i^k T_j^k, \quad i,j = 1,2 \tag{4.1}$$

式中,T_i^k 与 T_j^k 分别是颗粒轮廓上第 k 个微元弧段的单位法向量 $\boldsymbol{T}^k$ 在 i 方向与 j 方向上的分量,如图 4.1 所示;l^k 为该微元弧段的长度;L_p 为颗粒轮廓的总周长;Ω_{ij} 为迹为 1 的对称二阶张量。根据下式求出 Ω_{ij} 对应的特征值和特征向量:

$$(\Omega_{ij} - \lambda \delta_{ij}) \boldsymbol{v}_j = \boldsymbol{0}, \quad i,j = 1,2 \tag{4.2}$$

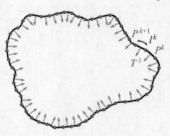

所求得的特征向量($\boldsymbol{v}_1, \boldsymbol{v}_2$)即为颗粒轮廓的主方向。假设求得的特征值为 λ_a 和 λ_b($\lambda_a \geqslant \lambda_b$),且 λ_a 对应的特征向量为 $\boldsymbol{v}_1$,λ_b 对应的特征向量为 $\boldsymbol{v}_2$,则 $\boldsymbol{v}_2$ 对应于颗粒轮廓的长轴方向,$\boldsymbol{v}_1$ 对应于颗粒轮廓的短轴方向。

图 4.1 颗粒轮廓上的微元弧段 l^k 对应的单位法向量 $\boldsymbol{T}^k$

在确定颗粒的最大与最小主轴方向后,可以沿该主轴方向构造颗粒的外接矩形包围盒,确定颗粒的长轴长度 l_1^{2D} 与短轴长度 l_2^{2D},结果见图 4.2。长轴方向与短轴方向呈垂直关系。

2．主成分分析法

　　为求得二维非规则颗粒的主轴方向，首先将颗粒质心平移到坐标原点，对颗粒轮廓离散点的坐标进行主成分分析（可利用 MATLAB 自带的主成分分析函数 princom），以确定主轴的方向。随后旋转颗粒以使主轴方向与坐标轴方向一致，确定颗粒沿两个主轴方向的长度，按大小顺序分别定义为长轴长度 l_1^{2D} 和短轴长度 l_2^{2D}。二维非规则颗粒的平均粒径 d_m^{2D} 可定义为

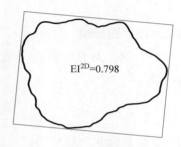

图 4.2　沿长轴与短轴方向构造颗粒的外接矩形包围盒

$$d_m^{2D} = \frac{l_1^{2D} + l_2^{2D}}{2} \tag{4.3}$$

4.1.2　细长度

　　细长度（elongation index，EI）为颗粒短轴与长轴的比值，即

$$\mathrm{EI}^{2D} = \frac{l_2^{2D}}{l_1^{2D}} \tag{4.4}$$

EI^{2D} 的取值范围为 0～1。图 4.3 所示为三个不同细长度的非规则颗粒，其 EI^{2D} 值由 0.5 逐渐增大到 0.9，随着 EI^{2D} 值的增大，颗粒形状由较细长变为几乎等径。

图 4.3　三个不同细长度的颗粒示例图

（a）$\mathrm{EI}^{2D}=0.5$；（b）$\mathrm{EI}^{2D}=0.7$；（c）$\mathrm{EI}^{2D}=0.9$

4.1.3 圆形度

对于二维非规则颗粒,圆形度是颗粒几何轮廓与理想圆接近程度的量度,其定义如下[2]:

$$S^{2D} = \frac{2\sqrt{\pi A}}{P} \tag{4.5}$$

式中,A 和 P 分别为颗粒面积和颗粒周长,对于非星形颗粒,可以通过式(3.7)和式(3.9)求得。

根据上述定义,S^{2D} 的取值范围为 $0 \sim 1$。圆形度 S^{2D} 的值越小,表明颗粒轮廓与圆相差越大;反之则越接近于圆。特别地,当颗粒轮廓为圆形时,圆形度 $S^{2D} = 1$。

4.1.4 凹凸度

凹凸度是影响颗粒之间接触点个数的重要特征,对于二维颗粒来说,通常用颗粒面积与颗粒凸包面积的比值来定义:

$$C_x^{2D} = \frac{A}{A_c} \tag{4.6}$$

式中,A_c 为凸包面积,可以通过 MATLAB 的内置函数 convhull 来计算。

4.1.5 磨圆度

磨圆度主要用来评价颗粒棱角尖锐或圆滑的几何特性。Wadell[3-5]最早对二维颗粒的磨圆度进行了文字性的定义,他认为可以通过人眼观察对棱角区域进行识别,然后通过计算,将"棱角区域的平均曲率半径和最大内切圆半径之比"作为磨圆度的评价指标。根据该定义,在进行磨圆度指标计算时,首先需要识别棱角区域,而棱角区域的识别准则为:"将颗粒二维轮廓上任意点的局部曲率半径与最大内切圆半径进行对比,若该点的局部曲率半径小于最大内切圆半径,则该点属于棱角区域。"早期通过人工测量确定 Wadell 磨圆度,如图 4.4 所示,现在可通过计算几何的方法对颗粒棱角区域进行编程识别,并对局部曲率半径和磨圆度指标进行定量计算。

通过计算几何的方法计算磨圆度的主要步骤包括:①基于傅里叶重构的二维颗粒轮廓平滑;②基于二维曲线曲率分析的棱角区域识别;③基于棱角区域卡圆的二维磨圆度计算。

对颗粒轮廓进行平滑处理的目的是排除颗粒轮廓粗糙度对磨圆度评价结果的

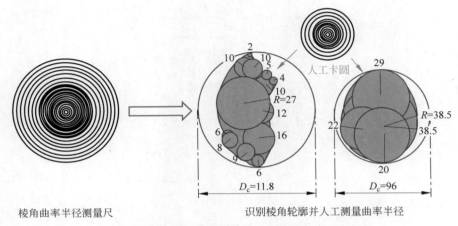

棱角曲率半径测量尺　　　　　　　　　识别棱角轮廓并人工测量曲率半径

图 4.4　通过人工测量确定 Wadell 磨圆度[4]

影响,可采用第 3 章介绍的基于傅里叶重构的方法对二维颗粒轮廓进行平滑。重构过程中,所采用的傅里叶总阶数 N 越大,傅里叶表征轮廓与真实离散轮廓的近似度越大,轮廓越不规则。当傅里叶总阶数 N 越小时,傅里叶表征轮廓与真实轮廓越不相似,轮廓越平滑。基于这一特性,采用合理的傅里叶总阶数 N(一般可用 $N=15$)来重构颗粒,便可得到一个新的平滑轮廓,用于颗粒磨圆度的计算。

在获取颗粒的平滑轮廓后,可基于二维曲线曲率分析,通过对比轮廓上任意点的局部曲率半径与颗粒最大内切圆半径相对大小进行棱角区域识别,因此,首先需要对颗粒的最大内切圆进行计算。可采用 distance map 算法[6-7],通过对轮廓区域进行网格化,计算网格上每一点到其边缘轮廓的最短距离作为以该点为圆心的内切圆半径,如图 4.5(a)所示。图中网格颜色越黑,表示网格中心点的内切圆半径越小;颜色越白,表示网格中心点的内切圆半径越大。通过比较所有网格点的结果,找出半径数值最大的网格位置作为内切圆圆心,该圆心的内切圆半径即为所求的最大内切圆半径,结果如图 4.5(b)所示。在使用 distance map 算法时,需要设定网格化的密度(网格密度=颗粒面积/网格单元面积)。图 4.5(c)给出了样例颗粒的最大内切圆半径随网格密度增大的演变规律。从图中可以看出,当网格密度在初始阶段增大时,颗粒的最大内切圆半径波动比较大;当网格密度大于一定范围时,随着网格密度继续增大,颗粒的最大内切圆半径趋于稳定。一般情况网格密度取 3000 可满足计算精度要求。

对于二维非规则颗粒,任意点的局部曲率半径可通过傅里叶重构的轮廓曲线 $r(\theta)$ 进行计算,其极角 θ 对应的任意点 $p\left[\theta, r(\theta)\right]$ 的局部曲率 $k(\theta)$ 为

$$k(\theta) = \frac{r(\theta)^2 + 2\left[\dfrac{\mathrm{d}r(\theta)}{\mathrm{d}\theta}\right]^2 - r(\theta)\dfrac{\mathrm{d}^2 r(\theta)}{\mathrm{d}\theta^2}}{\left\{r(\theta)^2 + \left[\dfrac{\mathrm{d}r(\theta)}{\mathrm{d}\theta}\right]^2\right\}^{\frac{3}{2}}} \tag{4.7}$$

其中，$r(\theta)$是以 N 阶傅里叶表示的平滑颗粒轮廓：

$$r(\theta) = \sum_{n=0}^{N} D_n \sin(n\theta + \varphi_n) \tag{4.8}$$

$r(\theta)$对 θ 求一阶导数为

$$\frac{\mathrm{d}r(\theta)}{\mathrm{d}\theta} = n\sum_{n=0}^{N} D_n \cos(n\theta + \varphi_n) \tag{4.9}$$

$r(\theta)$对 θ 求二阶导数为

$$\frac{\mathrm{d}^2 r(\theta)}{\mathrm{d}\theta^2} = -n^2 \sum_{n=0}^{N} D_n \sin(n\theta + \varphi_n) \tag{4.10}$$

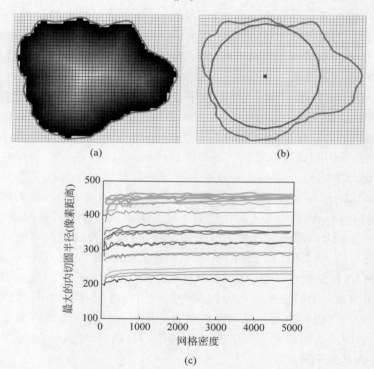

(a)   (b)

(c)

图 4.5 基于 distance map 算法计算最大内切圆

(a) 网格点到轮廓的距离云图；(b) 最大内切圆；(c) 最大内切圆半径随网格密度的演变曲线

根据以上公式，可以计算出颗粒轮廓任意点的局部曲率，其示例如图 4.6 所示。将任意点曲率半径与颗粒最大内切圆半径进行比较,可以判定出所有属于棱角区域的棱角点,将相邻棱角点依次连接,可以得到若干组由一系列棱角点组成的棱角区域点集,如图 4.7 所示。

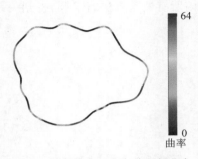

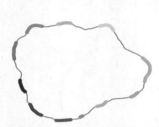

图 4.6　颗粒轮廓任意点的局部曲率　　　图 4.7　基于曲率半径对比判定的棱角区域

为了评价磨圆度,需要在所识别棱角区域的基础上,计算各棱角区域的局部最优内切圆,这一过程称为“卡圆”。可基于重叠离散元簇(overlapping discrete element clusters,ODEC)算法[8],结合棱角区域各棱角点的局部曲率大小排序,来实现卡圆过程的自动化处理,其算法的主要实现步骤如下:

(1) 计算颗粒轮廓在该点的内法向量 $\boldsymbol{N}(\theta)$(图 4.8 中箭头),计算公式为

$$\boldsymbol{N}(\theta) = \left[-\frac{\mathrm{d}y(\theta)}{\mathrm{d}\theta}, \frac{\mathrm{d}x(\theta)}{\mathrm{d}\theta} \right] \tag{4.11}$$

其中,$x(\theta)$ 与 $y(\theta)$ 的表达式为

$$\begin{cases} x(\theta) = r(\theta)\cos\theta \\ y(\theta) = r(\theta)\sin\theta \end{cases} \tag{4.12}$$

因此,$x(\theta)$ 与 $y(\theta)$ 的微分为

$$\begin{cases} \mathrm{d}x(\theta) = \cos\theta \mathrm{d}r(\theta) - r(\theta)\sin\theta \mathrm{d}\theta \\ \mathrm{d}y(\theta) = \sin\theta \mathrm{d}r(\theta) + r(\theta)\cos\theta \mathrm{d}\theta \end{cases} \tag{4.13}$$

将式(4.13)代入式(4.11)可得

$$\boldsymbol{N}(\theta) = \left[-\sin\theta \frac{\mathrm{d}r(\theta)}{\mathrm{d}\theta} - r(\theta)\cos\theta, \cos\theta \frac{\mathrm{d}r(\theta)}{\mathrm{d}\theta} - r(\theta)\sin\theta \right] \tag{4.14}$$

(2) 以该点为起始点,沿着该点的内法向量 $\boldsymbol{N}(\theta)$,按照预设的步长 Δr 确定一个内切圆,该圆的半径为 Δr,圆心在内法向量 $\boldsymbol{N}(\theta)$ 上。

(3) 判定该内切圆与颗粒轮廓上的其他任意点是否相切。

(4) 若该内切圆与颗粒轮廓上的任意点都不相切(图 4.8 中虚线表示的圆),则增大步长 Δr,重新进行第(2)步与第(3)步。若该内切圆与颗粒轮廓上的任意点相切(图4.8中实线表示的圆),则停止循环,以该内切圆作为该点的局部内切圆。

由于每个棱角区域的棱角点有很多,需要依据一定的准则来确定该棱角区域的局部最优内切圆,可采用如下步骤:

(1)对任意棱角区域的点集,对该区域内所有棱角点进行卡圆,得到一系列棱角点内切圆,如图4.9所示。

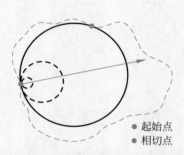

图4.8　在轮廓任意点确定内切圆 　　图4.9　棱角区域点的所有内切圆的确定

● 起始点
● 相切点

(2)定义拟合优度指数 e_{fit} 来评价该区域内各棱角点所卡得的内切圆相对于该棱角区域各点的拟合优度:

$$e_{\text{fit}} = \sum_{i=1}^{n_{\text{cp}}} \left| \sqrt{(x_i - x_c)^2 + (y_i - y_c)^2} - r_c \right| / n_{\text{cp}} \tag{4.15}$$

其中,n_{cp} 为该棱角区域的棱角点的数量;(x_i, y_i) 表示第 i 个棱角点的坐标;(x_c, y_c) 表示该内切圆的圆心坐标;r_c 为该内切圆的半径。

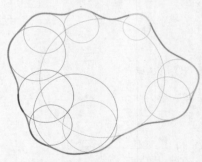

图4.10　棱角区域最优内切圆的确定

(3)对该棱角区域内所有棱角点的局部内切圆所计算的拟合优度 e_{fit} 进行排序,e_{fit} 最小值所对应的内切圆即为所求的该棱角区域的最优内切圆。

(4)重复第(1)步至第(3)步,直到所有棱角区域都确定其各自的最优内切圆,结果如图4.10所示。

最后,根据 Wadell 对磨圆度的定义,结合以上计算的最大内切圆与棱角局部最优内切圆,计算出该颗粒的磨圆度指标。其计算公式如下:

$$R_{\text{d}}^{\text{2D}} = \sum_{i=1}^{N_{\text{C}}} r_i / (N_{\text{C}} \cdot R_{\text{insc}}) \tag{4.16}$$

其中，r_i 表示第 i 个棱角区域所卡的局部最优内切圆半径；N_C 表示棱角区域的总个数；R_{insc} 表示最大内切圆的半径。

4.1.6 棱角度

棱角度也是用来评价颗粒棱角尖锐或圆滑的几何特性的指标。传统方法中，通过将颗粒与规范图表中的二维颗粒轮廓进行对比来定性判断颗粒的棱角度，但这种方法既费力又主观，基于计算几何的方法可以提高棱角度判断的效率和客观性[9-10]。目前，关于棱角度指标的定义较多，包括基于极径的棱角度指数、基于梯度的棱角度指数、基于傅里叶级数的棱角度指数等。

Masad 等[11] 提出了一个基于极径的棱角度指数（AI_r^{2D}）来量化二维颗粒的棱角度，其定义为实际颗粒与其等价椭圆在同一极角（方向）下所对应极径差的绝对值之和，表示如下：

$$AI_r^{2D} = \sum_{i=0}^{\frac{2\pi}{\Delta\varphi}-1} \frac{|r_{p(i\Delta\varphi)} - r_{EE(i\Delta\varphi)}|}{r_{EE(i\Delta\varphi)}} \tag{4.17}$$

式中 $r_{p(i\Delta\varphi)}$ 为极角 $i\Delta\varphi$ 所对应实际颗粒的极径；$r_{EE(i\Delta\varphi)}$ 为极角 $i\Delta\varphi$ 所对应的等价椭圆上的极径；$\Delta\varphi$ 为极角步长。等价椭圆具有与实际颗粒相同的细长度，对于圆形和椭圆形颗粒，$AI_r^{2D}=0$。由式（4.17）可知，该定义只适用于二维星形非规则颗粒。

基于梯度的棱角度指数是使用较为广泛的棱角度指标[12-13]。由于颗粒轮廓上相邻点的梯度方向在尖角处变化很快，而在圆滑的颗粒表面上变化较缓，因此，梯度方向变化总和反映了颗粒的棱角度。Chen 等[13] 使用固定极角步长 $\Delta\varphi$ 来计算棱角度，表达式如下：

$$AI_g^{2D} = AI_{g(Chen)}^{2D} = \sum_{i=0}^{\frac{2\pi}{\Delta\varphi}-1} |\theta_{(i+1)\Delta\varphi} - \theta_{i\Delta\varphi}| \tag{4.18}$$

式中，$\theta_{i\Delta\varphi}$ 为极角 $\varphi = i\Delta\varphi$ 所对应轮廓点的方向角。另一方面，AI-Rousan 等[12] 根据颗粒轮廓上离散点的梯度变化来计算棱角度，其表达式如下：

$$AI_g^{2D} = AI_{g(AI-Rousan)}^{2D} = \sum_{i=1}^{t_n-3} |\theta_{i+3} - \theta_i| \tag{4.19}$$

式中，i 为颗粒轮廓上第 i 个离散点；t_n 为颗粒轮廓上离散点总数；θ_i 为第 i 个离散点上的方向角。显然，式（4.17）只适用于二维星形颗粒，而式（4.18）和式（4.19）适用于所有颗粒。对于同一个非星形颗粒，根据式（4.18）和式（4.19）可能会得到不同的 AI_g^{2D} 值。

Wang 等[14] 提出了一种基于傅里叶级数计算棱角度的方法，该方法在计算颗粒棱角度时,舍弃了傅里叶级数展开式中的低频部分($n<5$)和高频部分($n>25$),保留了 $5 \leqslant n \leqslant 25$ 之间的中频段谐波来计算棱角度,其定义如下:

$$AI_F^{2D} = \sum_{i=5}^{25} \left[\left(\frac{a_n}{a_0} \right)^2 + \left(\frac{b_n}{a_0} \right)^2 \right] \qquad (4.20)$$

式中,a_n 和 b_n 为傅里叶系数。然而,该方法只适用于二维星形颗粒,同时它的物理意义并不像 AI_r^{2D} 和 AI_g^{2D} 那样明确。

Su 等[15] 提出了一种适用于二维星形和非星形颗粒的棱角度计算方法。首先基于 3.2 节介绍的二维非星形颗粒几何形态重构方法对颗粒轮廓进行连续重构,得到轮廓点 (x,y) 坐标的重构方程,然后计算颗粒各轮廓点的梯度方向角 θ:

$$\theta = \arctan \frac{y'(\varphi')}{x'(\varphi')} \qquad (4.21)$$

式中,$x'(\varphi')$、$y'(\varphi')$ 分别为 $x(\varphi')$、$y(\varphi')$ 的导数(参见式(3.8))。由式(4.21)和式(3.8)可以看出,梯度方向角 θ 只是极角 φ' 的函数。通过对 θ 导数绝对值的积分可以定义棱角度指数如下:

$$AI_g^{2D} = \frac{1}{2\pi} \int_0^{2\pi} \left| \frac{d\theta}{d\varphi'} \right| d\varphi' - 1 \qquad (4.22)$$

上式也可以写成如下数值积分的形式:

$$AI_g^{2D} = \frac{1}{2\pi} \sum_{i=0}^{w-1} \left| \theta_{(i+1)\Delta\varphi'} - \theta_{i\Delta\varphi'} \right| - 1 \qquad (4.23)$$

式中,$\Delta\varphi' = 2\pi/w$ 为极角增量步长;w 为采样点个数。如果颗粒轮廓是一个圆形,$d\theta$ 和 $d\varphi'$ 永远相等,根据式(4.22)可以求得 $AI_g^{2D} = 0$。对于椭圆颗粒,计算结果也表明其棱角度指数 $AI_g^{2D} = 0$。

4.1.7 粗糙度

粗糙度是指颗粒轮廓具有的较小间距和微小峰谷的不平度。对于不规则颗粒而言,确定基准轮廓是进行粗糙度评价的基础和关键。

利用一定总阶数的傅里叶级数对不规则颗粒轮廓进行重构可实现颗粒轮廓的平滑,从而构建基准轮廓。通常认为 $n<5$ 的低阶傅里叶级数描述了颗粒的整体形状,$n=5\sim25$ 的傅里叶级数对颗粒的棱角度有显著影响,而 $n>25$ 的傅里叶级数影响着颗粒的表面纹理,即粗糙度。因此,采用 $N=25$ 进行颗粒轮廓的表征,此时颗粒的表面纹理信息将被去除,轮廓变得平滑,因此可将该轮廓用作量化二维粗糙度的基准轮廓。图 4.11(a)所示为样例颗粒真实轮廓和基准轮廓的对比。

通过将真实轮廓与基准轮廓进行对比来评估二维轮廓的粗糙度。幅度参数可用于测量表面高度偏差特征,是表征表面形貌最重要的参数[16],常用的幅度参数

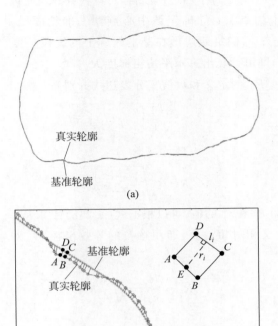

图 4.11 二维非规则颗粒粗糙度

(a) 真实轮廓与基准轮廓；(b) 局部偏差距离

包括算术平均粗糙度 R_a 和均方根粗糙度 R_q。算术平均粗糙度 R_a 的定义和数值
积分表达式分别为

$$R_a = \frac{1}{L} \int_0^L r(l) \, \mathrm{d}l \tag{4.24a}$$

和

$$R_a = \frac{1}{L} \sum_{i=1}^m r_i l_i \tag{4.24b}$$

式中，r 为真实轮廓与基准轮廓的偏差距离；l 和 L 分别为基准轮廓的弧长和周
长。算数平均粗糙度 R_a 的计算步骤如下：①选择较小的极角步长，如 $\Delta\varphi = \pi/3600$，将基准轮廓划分为一系列离散点集；②对于真实轮廓上的每个点，在基准
轮廓上找到与其最接近的一个点，然后将这两个点相连得到一个线段，例如图 4.11(b)
中的 AD 和 BC；③相邻的两个线段与轮廓线之间可以形成一个四边形，如图 4.11(b)

中的 $ABCD$ 所示；④对于每个四边形而言，可以找到真实轮廓上的两个点的中点，例如图 4.11(b)中的点 E；⑤确定该中心点到基准轮廓线上的垂直距离，例如图 4.11(b)中的 r_i；⑥确定四边形在基准轮廓上的线段长度，如图 4.11(b)中的 l_i，代入式(4.24a)即可计算出算术平均粗糙度 R_a。

均方根粗糙度 R_q 的定义和数值积分表达式分别为

$$R_q = \sqrt{\frac{1}{L}\int_0^L \left[r(l)\right]^2 \mathrm{d}l} \tag{4.25a}$$

和

$$R_q = \sqrt{\frac{1}{L}\sum_{i=1}^m r_i^2 l_i} \tag{4.25b}$$

根据每个四边形的 r_i 和 l_i 的值，可以根据式(4.25b)计算 R_q。

此外，可以定义相对粗糙度，即用颗粒的等效半径 r_{eq} 对粗糙度进行无量纲化，其计算公式为

$$\bar{R}_a = \frac{R_a}{r_{eq}} = \sqrt{\frac{\pi}{A}}R_a \tag{4.26a}$$

和

$$\bar{R}_q = \frac{R_q}{r_{eq}} = \sqrt{\frac{\pi}{A}}R_q \tag{4.26b}$$

式中，A 表示颗粒的面积。

4.2　二维非规则颗粒形态评价实例

4.2.1　磨圆度评价实例

1. 分类图颗粒磨圆度定量评价

首先用 4.1.5 节所介绍的算法对文献中定性评估目视分类图颗粒[17]进行磨圆度定量评价，分析结果见图 4.12。从图中可以看出，对于不同磨圆度特征的颗粒，该算法能够识别主要棱角区域，并且较为准确地在棱角区域进行局部内切圆的拟合。图 4.13(a)比较了计算的磨圆度值与其对应颗粒在现有文献中记载的规范上限值、平均值与下限值。从图中可以看出，计算的磨圆度值基本分布在规范值的上限与下限值之间，且整体上与规范平均值接近。图 4.13(b)为所计算磨圆度值与对应颗粒的规范平均值进行线性回归的分析结果。从中可以看出，两者基本呈线性正相关的趋势，且相关系数达到了 0.904。

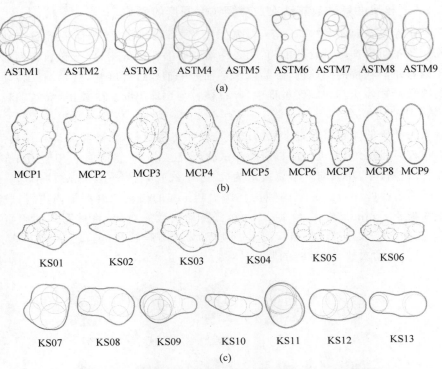

图 4.12 不同文献中分类图颗粒及其棱角区域识别(卡圆)效果图

(a) 从文献 ASTM-2003[17]选取的颗粒；(b) 从文献 MCP-1953[18]选取的颗粒；

(c) 从文献 KS-1951[19]选取的颗粒

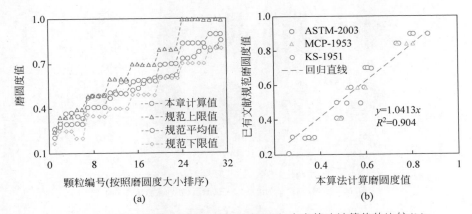

图 4.13 已有文献分类图颗粒的磨圆度(a)与本章算法计算值的比较(b)

2. 洛杉矶磨耗试验转动次数对颗粒磨圆度的影响

在道路与铁路工程中,研究人员常采用洛杉矶磨耗试验来研究碎石在外力撞击作用下抵抗磨损与破碎的能力[20]。在洛杉矶磨耗试验中,碎石颗粒与钢球一起置于洛杉矶磨耗机的圆筒内,圆筒以水平轴为中轴线进行旋转,直至圆筒转动至指定的次数后才停止。在旋转过程中,碎石颗粒与钢球不断发生撞击,导致颗粒产生磨损,形状发生变化。

人工破碎的碎石颗粒是常见的道路与铁路工程材料,新破碎的碎石棱角尖锐,表面粗糙,很适合用来进行洛杉矶磨耗试验研究。以 10 个粒径为 40～50mm 的碎石作为试验样本,将其与 6 个总质量为(2500±25)g,直径约 48mm 的钢球一起放置于圆筒内径(710±5)mm、内侧长(510±5)mm 的洛杉矶磨耗机内进行试验,旋转速率为 50r/min,转动次数为 2000 转。转动次数完成后,将被磨损的碎石取出去尘、洗净、烘干,并进行拍照。图 4.14 所示为碎石颗粒在试验前(转动次数为 0)与试验后(转动次数为 2000)的照片。

图 4.14 碎石颗粒照片

(a) 试验前(转动次数为 0);(b) 试验后(转动次数为 2000)

采用 4.1.5 节介绍的算法对所获取的不同磨损度的颗粒图像进行分析,将不同转动次数下碎石颗粒的磨圆度与轮廓粗糙度结果进行计算,结果如图 4.15 所示。从图中可以看出，随着转动次数 N_{cyc} 的增大，碎石颗粒的磨圆度大小由约 0.1 增大至约 0.5。

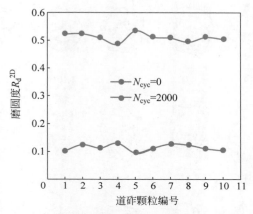

图 4.15 不同转动次数下碎石颗粒的磨圆度

4.2.2 棱角度评价实例

1. 分类图颗粒棱角度定量评价

基于 4.1.6 节所提出的棱角度指数计算方法，对目视分类图颗粒的棱角度进行定量评价，并形成一套颗粒棱角度定量评价的标准。

如图 4.16 所示，一共分析了两组分类图颗粒。首先将颗粒图像进行二值化，然后检测并获取颗粒的轮廓信息。采用总阶数 $N = 25$ 的傅里叶级数对颗粒轮廓进行重构，然后利用式（4.23）计算各颗粒的棱角度指数，计算出的 AI_g^{2D} 显示在每个颗粒图像下方。

从定性角度分类，图 4.16 从左到右颗粒的棱角度依次下降，而计算出的 AI_g^{2D} 从左到右依次减小，与定性排列基本符合，一个例外是低球形度次棱角状颗粒与棱角状颗粒相比，其 AI_g^{2D} 值略大（分别为 2.35 与 2.33），这是由于前者具有明显的内凹形态特性，这与其他颗粒不同。对于图 4.16(a) 中的颗粒，在相同棱角度等级时，低球形度颗粒始终比高球形度颗粒的 AI_g^{2D} 值更大，而图 4.16(b) 中的颗粒并没有这一规律。事实上，肉眼可以看出图 4.16(a) 中大多数低球形度颗粒比相应的高球形度颗粒棱角更分明一些。因此，图 4.16(a) 中 AI_g^{2D} 值与球形度的相关性趋势主要是由对颗粒的主观选取导致的。

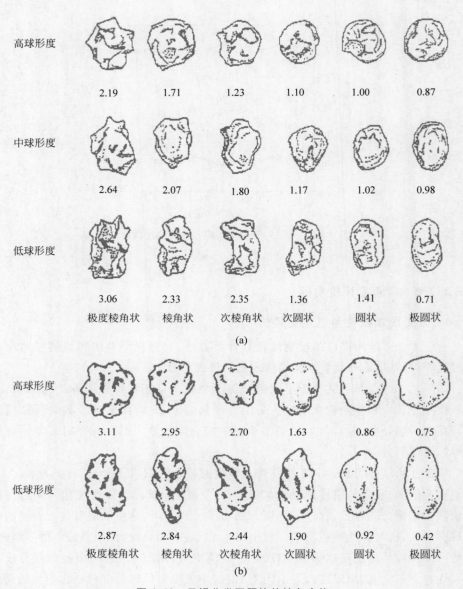

高球形度

2.19   1.71   1.23   1.10   1.00   0.87

中球形度

2.64   2.07   1.80   1.17   1.02   0.98

低球形度

3.06   2.33   2.35   1.36   1.41   0.71

极度棱角状   棱角状   次棱角状   次圆状   圆状   极圆状

(a)

高球形度

3.11   2.95   2.70   1.63   0.86   0.75

低球形度

2.87   2.84   2.44   1.90   0.92   0.42

极度棱角状   棱角状   次棱角状   次圆状   圆状   极圆状

(b)

图 4.16 目视分类图颗粒的棱角度值

(a) 图 I [17]; (b) 图 II [18]

　　表 4.1 汇总了图 4.16 所有颗粒的棱角度指数值。对于相同棱角度等级的颗粒（同一列），图 4.16(a) 中的数据通常比图 4.16(b) 中的数据更分散，前者的平均值通常小于后者的平均值。结合这两组结果并考虑使用的方便，可采用如下准则对颗粒的棱角度进行定量分类：极度棱角状，$AI_g^{2D} \geqslant 3$；棱角状，$2.5 \leqslant AI_g^{2D} < 3$；次棱角状，$2 \leqslant AI_g^{2D} < 2.5$；次圆状，$1.5 \leqslant AI_g^{2D} < 2$；圆状，$1 \leqslant AI_g^{2D} < 1.5$；极圆状，$0 \leqslant AI_g^{2D} < 1$。

表 4.1　目视分类图颗粒棱角度值汇总及分类标准

类　　别		极度棱角状	棱角状	次棱角状	次圆状	圆状	极圆状
图 I	高球形度	2.19	1.71	1.23	1.10	1.00	0.87
	中球形度	2.64	2.07	1.80	1.17	1.02	0.98
	低球形度	3.06	2.33	2.35	1.36	1.41	0.71
	平均值	2.63	2.04	1.79	1.21	1.14	0.85
	标准差	0.44	0.31	0.56	0.13	0.23	0.14
图 II	高球形度	3.11	2.95	2.70	1.63	0.86	0.75
	低球形度	2.87	2.84	2.44	1.90	0.92	0.42
	平均值	2.99	2.90	2.57	1.77	0.89	0.59
	标准差	0.17	0.08	0.18	0.19	0.04	0.23
分类标准		＞3	2.5～3	2～2.5	1.5～2	1～1.5	0～1

2. 平潭砂颗粒的棱角度评价

　　利用式 (4.23) 对平潭砂颗粒的棱角度进行量化评价。首先使用深圳大学的 X-ray CT 扫描仪（XRadia Micro XCT-400）对 100 个平潭砂颗粒进行扫描，并重构出颗粒的三维几何形貌。通过 PCA 方法确定出每个颗粒的主轴（即长、中、短轴）后，将三维颗粒轮廓投影到与长、中、短轴正交的平面上，从而获得各颗粒次投影、中投影、主投影共三个二维轮廓，然后计算每个二维投影轮廓的 AI_g^{2D} 值。计算结

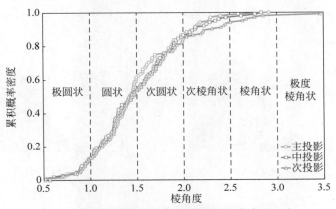

图 4.17　平潭砂颗粒棱角度的累积概率密度分布

果如图 4.17 所示,从中可以看出,三个方向上投影轮廓的 AI_g^{2D} 分布函数非常相似,主、中和次投影的 AI_g^{2D} 平均值分别为 1.48、1.51 和 1.56。大多数颗粒(大约 75%)的 AI_g^{2D} 值在 1~2 之间,使用表 4.1 所示的分类标准,可以定为圆状和次圆状,这一结论与平潭砂颗粒的定性分级一致。

4.2.3　碎石与卵石颗粒的二维形态对比分析

取 2500 个卵石与 2500 个碎石进行拍照,所获取的颗粒照片样例见图 4.18,然后采用 Minkowski 张量法确定各个颗粒的长轴和短轴并计算其细长度,所得细长度的概率密度分布曲线如图 4.19 所示。从图中可以看出,道砟与卵石颗粒的细长度评价结果近似,其概率密度都可以用高斯函数进行拟合。其中,道砟的概率分布略微向右偏移,分布范围略窄。从整体上看,道砟与卵石的细长度不存在明显差异。

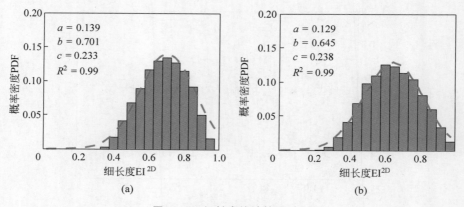

图 4.18　碎石与卵石颗粒图像

(a)　　　　　　　　　　　　　(b)

图 4.19　细长度统计结果对比

(a) 道砟颗粒;(b) 卵石颗粒

接着,采用 4.1.5 节提出的磨圆度算法对颗粒轮廓进行分析,结果见图 4.20。从图中可以看出,相对于道砟颗粒,卵石颗粒的磨圆度概率分布更宽,且整体分布呈明显向右偏移的趋势,其均值约为 0.6,属于棱角较圆润颗粒。而道砟分布范围明显更窄,取值范围更集中,均值约为 0.3,属于棱角略尖锐颗粒。

最后,采用 4.1.7 节提出的二维轮廓粗糙度算法对颗粒图像进行分析,所得相对粗糙度结果见图 4.21。从图中可以看出,相对于卵石颗粒,道砟的轮廓粗糙度概率分布更宽,且整体分布靠右,均值约为 0.004。这说明道砟颗粒的粗糙度差异性较大,且整体比较粗糙。而卵石颗粒的粗糙度概率分布曲线显著向左偏移,分布范围非常窄,其均值约为 0.0015,说明卵石颗粒的粗糙度差异性较小,且整体比较光滑。

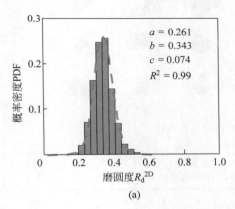 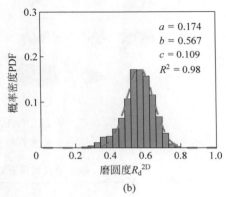

图 4.20　磨圆度统计结果对比

（a）道砟颗粒；（b）卵石颗粒

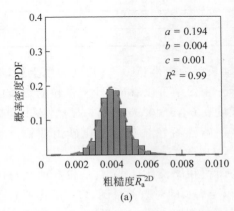 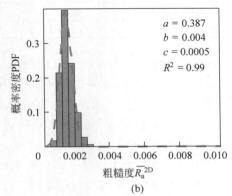

图 4.21　粗糙度统计结果对比

（a）道砟颗粒；（b）卵石颗粒

4.2.4 砂颗粒与浮石颗粒的二维形态对比分析

我们获取到 100 个砂土颗粒和 100 个浮石颗粒的二维轮廓,如图 4.22 所示,对其进行了形态指标的定量对比分析。表 4.2 汇总了砂土颗粒和浮石颗粒两种颗粒的各项形状指标,砂土颗粒的长轴长度 l_1^{2D} 的平均值和短轴长度 l_2^{2D} 的平均值分别为 2.16mm 和 1.72mm,而浮石颗粒 l_1^{2D} 的平均值和 l_2^{2D} 的平均值则分别为 13.7mm 和 9.2mm。从表中可以看出,浮石颗粒的凹凸度和圆形度均值比砂土颗粒更小,而棱角度均值更大。

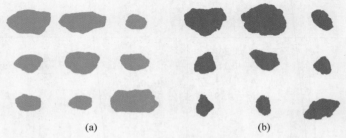

图 4.22　砂土颗粒和浮石颗粒
(a) 砂颗粒;(b) 浮石颗粒

表 4.2　砂土颗粒和浮石颗粒的平均尺寸和形状指标

指　标		砂土	骨料
主尺度	l_1^{2D}/mm	2.16	13.7
	l_2^{2D}/mm	1.72	9.2
形态指标	S	0.94	0.90
	C_x	0.98	0.96
	AI_g	1.68	1.97

为分析颗粒的细长度特征,以颗粒长轴长度为横坐标,短轴长度为纵坐标,绘制颗粒的主尺度分布,结果如图 4.23 所示。由图中可以看出,砂土颗粒的细长度 EI^{2D} 在 0.6～1.0 之间,而浮石颗粒的细长度在 0.45～0.95 之间。显然,砂土颗粒和浮石颗粒在细长度方面表现出不同的特性,浮石颗粒总体上比砂土颗粒更加细长。

颗粒的二维球度主要基于颗粒轮廓的面积和周长计算得出,是轮廓曲线与圆形接近程度的量度。图 4.24(a) 显示了面积与周长的对数关系图,可以看出所有砂土颗粒的圆形度都位于 $S^{2D}=0.88$ 和 0.98 给出的线之间。圆形度(S^{2D})和凹凸度(C_x^{2D})描述了颗粒形状的两个方面。图 4.24(b) 对比分析了砂土颗粒圆形度和凹

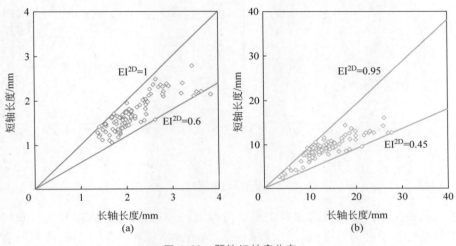

图 4.23 颗粒细长度分布

(a) 砂土颗粒；(b) 浮石颗粒

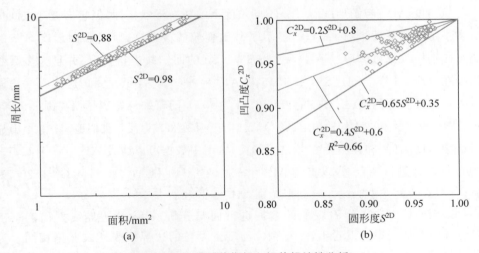

图 4.24 不同形状指标之间的相关性分析

(a) 面积和周长；(b) 圆形度和凹凸度；(c) 圆形度和棱角度；(d) 凹凸度和棱角度

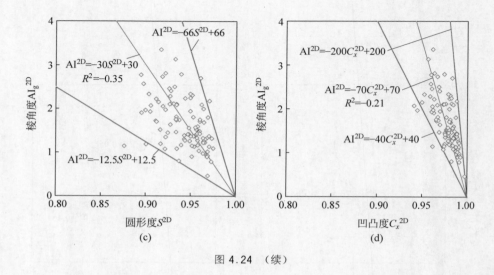

图 4.24 （续）

凸度之间的关系。可以看出这两个形状指标之间存在总体相关性,并且颗粒的凹凸度值始终大于其圆形度值,图中数据可以通过相关系数 $R^2=0.66$ 的回归直线 $C_x^{2D}=0.4S^{2D}+0.6$ 进行拟合,并以直线 $C_x^{2D}=0.2S^{2D}+0.8$ 和 $C_x^{2D}=0.65S^{2D}+0.35$ 为边界,所有直线均通过表征圆形的点($C_x^{2D}=1$ 且 $S^{2D}=1$)。

　　棱角度 AI_g^{2D} 与圆形度 S^{2D} 是不同尺度下的颗粒形状指标,但它们彼此之间仍具有一定的相关性。图 4.24(c)显示了砂土颗粒的棱角度 AI_g^{2D} 和圆形度 S^{2D} 的关系。图中数据可以通过 $AI_g^{2D}=-30S^{2D}+30$ 的回归线进行拟合,并且大多数数据处在直线 $AI_g^{2D}=-12.5S^{2D}+12.5$ 和 $AI_g^{2D}=-66S^{2D}+66$ 之间,这些直线均通过表示圆形轮廓的点(1,0)($S^{2D}=1$ 和 $AI_g^{2D}=0$)。随着颗粒轮廓越偏离圆形(即较小的圆形度 S^{2D} 和较大的棱角度 AI_g^{2D}),数据的分布变得越广泛。类似地,图 4.24(d)显示了棱角度 AI_g^{2D} 和凹凸度 C_x^{2D} 之间的关系,图中数据可以通过 $AI_g^{2D}=-70C_x^{2D}+70$ 的回归线进行拟合,并以直线 $AI_g^{2D}=-40C_x^{2D}+40$ 和 $AI_g^{2D}=-200C_x^{2D}+200$ 为界,所有直线的交点为(1,0)(圆形轮廓,$AI_g^{2D}=0$ 和 $C_x^{2D}=1$)。

　　采用同样方法对浮石颗粒的数据进行回归分析,得到的边界线方程汇总于表 4.3 中。从表中可以看出,浮石颗粒与砂土颗粒的边界线表达式并不相同。为了量化评价不同形状指标之间的相关性,可以将边界线形成的夹角作为一种相关性指标——扩展角。表 4.4 汇总了不同指标之间的扩展角数据。从表中可以看出,相较于浮石颗粒而言,砂土颗粒形状指标之间的相关性更高(扩展角更小),两组颗粒的形态特征既可以通过边界线的不同也可以通过扩展角的不同进行区分。

表 4.3 砂土颗粒和浮石颗粒的边界线关系式汇总

形状指标	砂土颗粒	浮石颗粒
圆形度(S^{2D})和凹凸度(C_x^{2D})	$C_x^{2D}=0.2S^{2D}+0.8$ $C_x^{2D}=0.65S^{2D}+0.35$	$C_x^{2D}=0.2S^{2D}+0.8$ $C_x^{2D}=0.68S^{2D}+0.32$
圆形度(S^{2D})和棱角度(AI_g^{2D})	$\text{AI}_g^{2D}=-66S^{2D}+66$ $\text{AI}_g^{2D}=-12.5S^{2D}+12.5$	$\text{AI}_g^{2D}=-50S^{2D}+50$ $\text{AI}_g^{2D}=-8.8S^{2D}+8.8$
凹凸度(C_x^{2D})和棱角度(AI_g^{2D})	$\text{AI}_g^{2D}=-200C_x^{2D}+200$ $\text{AI}_g^{2D}=-40C_x^{2D}+40$	$\text{AI}_g^{2D}=-130C_x^{2D}+130$ $\text{AI}_g^{2D}=-25C_x^{2D}+25$

表 4.4 边界线扩展角汇总　　　　　　　　　　(°)

形状指标	砂土颗粒	浮石颗粒
圆形度(S^{2D})和凹凸度（C_x^{2D})	21.8	22.9
圆形度(S^{2D})和棱角度（AI_g^{2D})	3.7	5.3
凹凸度(C_x^{2D})和棱角度（AI_g^{2D})	1.1	1.8

4.3 三维非规则颗粒形态评价指标定义及计算方法

与 4.1 节类似,本节主要介绍三维颗粒的各项形态指标的定义及计算方法,主要包括主尺度、细长度、扁平度、球形度、凹凸度、磨圆度、棱角度和粗糙度。

4.3.1 主尺度

三维非规则颗粒的主尺度包括长轴 l_1^{3D}、次长轴 l_2^{3D} 和短轴 l_3^{3D},它们是评估三维不规则颗粒尺寸和其他形态指标的重要参数。为了确定三维非规则颗粒的主尺度,首先基于 Minkowski 张量法或主成分分析方法(PCA)确定颗粒的三个主轴方向,然后旋转颗粒以使其主轴与笛卡儿轴对齐,即可测量主尺度 l_1^{3D}、l_2^{3D} 和 l_3^{3D}。

1. Minkowski 张量法

在获取颗粒的三维表面点云信息后,为了计算颗粒的细长度与扁平度,首先需要确定颗粒的长轴方向、次长轴方向与短轴方向。与 4.1.1 节的方法类似,本节同样基于 Minkowski 张量的三维形式[24],构建一个基于颗粒表面法向量的二阶张量矩阵,从而确定三维颗粒包围盒的排布方向。其计算公式如下:

$$\Omega_{ij}=\frac{1}{S_p}\sum_{k=1}^{N_p}s^k T_i^k T_j^k, \quad i,j=1,2,3 \tag{4.27}$$

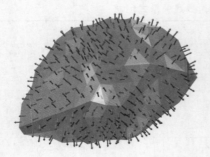

图 4.25 颗粒表面三角面片的法
向量示意图

式中,T_i^k 与 T_j^k 分别为颗粒表面第 k 个三角面片的单位法向量 $\boldsymbol{T}^k$ 在 i 方向与 j 方向上的分量;S^k 为三角面片的面积(注:此处的颗粒表面是由 N_p 个离散的三角面片拼接而成的闭合曲面,如图 4.25 所示);S_p 为颗粒表面三角面片面积的总和。Ω_{ij} 同样为对称二阶张量且迹为 1,根据下式求出 Ω_{ij} 对应的特征值和特征向量:

$$(\Omega_{ij} - \lambda\delta_{ij})\boldsymbol{v}_j = 0, \quad i,j = 1,2,3$$

$$(4.28)$$

所求得的特征向量$(\boldsymbol{v}_1,\boldsymbol{v}_2,\boldsymbol{v}_3)$即为三维颗粒表面的主方向。假设求得的特征值为 λ_a、λ_b 和 $\lambda_c(\lambda_a \geqslant \lambda_b \geqslant \lambda_c)$,且 λ_a 对应的特征向量为 $\boldsymbol{v}_1$,λ_b 对应的特征向量为 $\boldsymbol{v}_2$,λ_c 对应的特征向量为 $\boldsymbol{v}_3$,则 $\boldsymbol{v}_3$ 对应于颗粒表面的长轴方向,$\boldsymbol{v}_2$ 对应于颗粒表面的次长轴方向,$\boldsymbol{v}_1$ 对应于颗粒表面的短轴方向。

2. 主成分分析法

三维颗粒具有三个主轴方向。首先将颗粒质心平移到坐标原点,然后对颗粒表面离散点坐标进行主成分分析,以确定主轴的方向,随后旋转颗粒以使主轴方向与坐标轴方向一致,最后确定颗粒沿三个主轴方向的长度,按大小顺序分别定义为长轴长度 l_1^{3D}、次长轴长度 l_2^{3D} 和短轴长度 l_3^{3D}。另外,可定义三维非规则颗粒的平均粒径为

$$d_m^{3D} = \frac{l_1^{3D} + l_2^{3D} + l_3^{3D}}{3}$$

$$(4.29)$$

4.3.2 细长度与扁平度

对于三维颗粒,细长度(elongation index,EI)与扁平度(flatness index,FI)的定义分别为

$$EI^{3D} = \frac{l_2^{3D}}{l_1^{3D}}$$

$$(4.30a)$$

$$FI^{3D} = \frac{l_3^{3D}}{l_2^{3D}}$$

$$(4.30b)$$

其中,EI^{3D}、FI^{3D} 的取值由 0 变化到 1,EI^{3D}、FI^{3D} 值由小增大时,颗粒形状由较细长/扁平变为几乎等径。

图 4.26 展示了两组颗粒,其中,图 4.26(a)所示为细长度变化,扁平度为 1 的颗粒;图 4.26(b)所示为扁平度变化,细长度为 1 的颗粒。

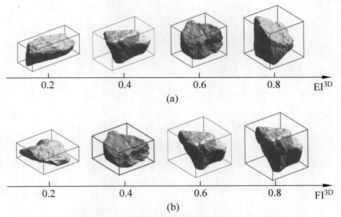

图 4.26　细长度与扁平度对颗粒形态的影响
（a）细长度变化；（b）扁平度变化

此外，可定义平均轴比 $\mathrm{AR^{3D}}$ 为细长度和扁平度的均值：

$$\mathrm{AR^{3D}} = \frac{\mathrm{EI^{3D}} + \mathrm{FI^{3D}}}{2} \tag{4.31}$$

4.3.3　球形度

对于三维颗粒来说，球形度是颗粒三维形貌与球体接近程度的量度。其定义如下[5]：

$$S^{3D} = \frac{\sqrt[3]{36\pi V_{\mathrm{p}}^2}}{S_{\mathrm{p}}} \tag{4.32}$$

式中，V_{p} 和 S_{p} 分别为颗粒体积与表面积。

对于星形颗粒，可通过如下球谐函数公式计算颗粒体积和表面积：

$$V_{\mathrm{p}} = \int_0^\pi \int_0^{2\pi} r(\theta,\varphi)^3 \sin(\theta) \mathrm{d}\varphi \mathrm{d}\theta \tag{4.33}$$

$$S_{\mathrm{p}} = \int_0^\pi \int_0^{2\pi} \left| \frac{\partial \boldsymbol{R}(\theta,\varphi)}{\partial \theta} \times \frac{\partial \boldsymbol{R}(\theta,\varphi)}{\partial \varphi} \right| \mathrm{d}\varphi \mathrm{d}\theta \tag{4.34}$$

式中，$\boldsymbol{R}(\theta,\varphi)$ 为颗粒表面顶点的位置向量，可由极坐标转换公式（3.10）计算得到。

对于非星形颗粒，通过球谐函数计算颗粒体积和表面积的公式如下：

$$V_{\mathrm{p}} = \frac{1}{3} \int_0^\pi \int_0^{2\pi} \begin{vmatrix} x(\theta',\varphi') - x_0 & y(\theta',\varphi') - y_0 & z(\theta',\varphi') - z_0 \\ x'_{\theta'}(\theta',\varphi') & y'_{\theta'}(\theta',\varphi') & z'_{\theta'}(\theta',\varphi') \\ x'_{\varphi'}(\theta',\varphi') & y'_{\varphi'}(\theta',\varphi') & z'_{\varphi'}(\theta',\varphi') \end{vmatrix} \mathrm{d}\varphi' \mathrm{d}\theta'$$

$$\tag{4.35}$$

$$S_{\mathrm{p}} = \int_0^\pi \int_0^{2\pi} \left| \begin{pmatrix} x'_{\theta'}(\theta', \varphi') \\ y'_{\theta'}(\theta', \varphi') \\ z'_{\theta'}(\theta', \varphi') \end{pmatrix} \times \begin{pmatrix} x'_{\varphi'}(\theta', \varphi') \\ y'_{\varphi'}(\theta', \varphi') \\ z'_{\varphi'}(\theta', \varphi') \end{pmatrix} \right| \mathrm{d}\varphi' \mathrm{d}\theta' \tag{4.36}$$

式中，x_0、y_0 和 z_0 为颗粒质心坐标；$x'_{\theta'}(\theta', \varphi')$、$y'_{\theta'}(\theta', \varphi')$、$z'_{\theta'}(\theta', \varphi')$ 和 $x'_{\varphi'}(\theta', \varphi')$、$y'_{\varphi'}(\theta', \varphi')$、$z'_{\varphi'}(\theta', \varphi')$ 分别为 $x(\theta', \varphi')$、$y(\theta', \varphi')$、$z(\theta', \varphi')$ 对 θ' 和 φ' 的偏导数。

4.3.4　凹凸度

凹凸度主要用于描述颗粒对象与凸包的相似程度。对于三维颗粒而言，其常用的定义是颗粒体积与包围该颗粒的凸包体积之比[25]，即

$$C_x^{\mathrm{3D}} = \frac{V_{\mathrm{p}}}{V_{\mathrm{CH}}} \tag{4.37}$$

式中，V_{CH} 为包围颗粒的凸包体积，可以通过 MATLAB 中的内置函数 convhull 求得。

4.3.5　磨圆度

颗粒磨圆度是一个三维的形貌特征，目前已有的颗粒磨圆度评价研究大多在颗粒二维投影上进行，与真实情况有较大的差别。这种差别主要体现在单个二维投影轮廓不能完全反映整个颗粒的三维形貌特征，二维磨圆度的分析结果受所选择的投影角度影响很大，具有主观性与不确定性。可将 4.1.5 节介绍的二维棱角区域判定与局部卡圆的几何分析过程拓展到三维，对真实三维颗粒的磨圆度指标进行量化，主要步骤包括：①基于球谐函数的颗粒表面平滑；②基于空间曲面曲率分析的棱角区域识别；③基于棱角区域卡球算法的三维磨圆度计算。

为了排除三维颗粒局部表面不平顺对磨圆度评价结果的影响，在进行颗粒轮廓磨圆度的评价前，需要对颗粒轮廓进行平滑处理。可采用采用第 3 章介绍的基于球谐函数重构的方法对三维颗粒表面进行平滑。重构过程中，当所采用的球谐函数总阶数 N 越大时，球谐表征的重构颗粒形貌与真实颗粒的表面形貌的近似度越大，表面越不规则，局部凹凸特征越明显；当球谐函数总阶数 N 越小时，球谐表征轮廓与真实轮廓越不相似，轮廓越平滑。因此，基于这一特性，采用合理的低阶球谐参数来表征颗粒轮廓，能够得到一个新的平滑轮廓，该轮廓可以用于在排除颗粒表面粗糙度的情况下进行颗粒磨圆度的计算。一般可采用总阶数 $N = 15$ 所表征的颗粒表面来计算颗粒磨圆度。

对颗粒三维棱角区域的识别是通过对比颗粒表面上任意点的局部曲率半径与

颗粒最大内切球半径的相对大小来判断的,因此先需确定颗粒的最大内切球,如图 4.27 所示。采用基于体素的三维 distance map 计算最大内切球[6-7]。按照一定的采样间隔通过对三维颗粒所在的空间进行体素网格化,计算每个网格中心点到其颗粒表面的最短距离作为以该点为球心的内切球半径,通过迭代计算找出半径数值最小的网格中心位置作为内切球球心,则该球心的内切球半径即为所求的最大内切球半径。

图 4.27　基于体素的最大内切球

(a) 确定球心；(b) 确定最大内切球

根据现有文献对棱角区域的定义[3-5],认为若颗粒表面上任意点的局部曲率的倒数(曲率半径)小于颗粒的最大内切球半径,则该点被识别为棱角区域上的点(棱角点)。颗粒的棱角区域可以认为是由一系列相邻的棱角点所组成的局部曲面。因此,首先对颗粒表面的局部曲率[26]进行计算,其基本步骤如下:

(1) 基于球谐函数表征的颗粒曲面 $r(\theta, \varphi)$,可以通过离散采样将局部连续曲面离散为三角网格曲面。

(2) 对任意点 V(如图 4.28 中的红色点),可以找到其一环邻域范围内与其相连的采样点 V_i(蓝色点),其相连线段称为局部三角网格的边 E_i。其中,任意两个邻域点 V_i、V_{i+1} 与 V 形成一个局部的三角面片 F_i。对任一 F_i,记其单位法向量为 N_{fi},则由所有 m 个一环邻域点 V_i 与 V 所形成局部曲面在 V 点的法向量可以用如下公式来计算:

$$N = \sum_{i=1}^{m} w_i N_{fi} \Big/ \Big\| \sum_{i=1}^{m} w_i N_{fi} \Big\| \tag{4.38}$$

其中,w_i 为第 i 个三角面片 F_i 的权重,其计算公式如下:

$$w_i = \frac{1}{\| C_i - V \|} \tag{4.39}$$

其中,C_i 为第 i 个三角面片 F_i 的几何中心。采用同样的方法,可以计算邻域点 V_i 的局部法向量 N_i。

(3) 设 N 所对应的平面为该局部曲面在 V 点的切平面 T,则对 V 的任一邻域

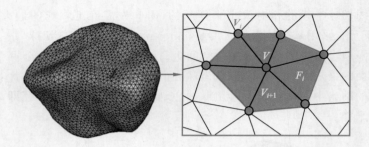

图 4.28　以三角网格表征的颗粒曲面

点 V_i，其向量 $V_i V$ 在切平面 T 的单位投影向量 t_i 的计算公式如下：

$$t_i = \frac{(V_i - V) - \langle V_i - V, N \rangle N}{\| (V_i - V) - \langle V_i - V, N \rangle N \|} \tag{4.40}$$

则 t_i 对应的法曲率为

$$k_n(t_i) = -\frac{\langle V_i - V, N_i - N \rangle}{\langle V_i - V, V_i - V \rangle} \tag{4.41}$$

（4）计算点 V 环邻域内所有 t_i 对应的法曲率 $k_n(t_i)$，将其中的最大值找出，记为 $k_n(t_{i\max})$，$t_{i\max}$ 为 $k_n(t_{i\max})$ 对应的向量 $V_i V$ 在切平面 T 的单位投影向量。然后，在切平面 T 上建立以 $\{\hat{e}_1, \hat{e}_2\}$ 为 x、y 轴的局部坐标系，其中 $\hat{e}_1$ 与 $\hat{e}_2$ 的表达式如下：

$$\hat{e}_1 = t_{i\max} \tag{4.42}$$

$$\hat{e}_2 = \frac{\hat{e}_1 \times N}{\| \hat{e}_1 \times N \|} \tag{4.43}$$

则在切平面 T 上沿任意方向 θ_i（θ_i 为 t_i 与 $\hat{e}_1$ 的夹角）所对应法曲率 $k_n(t_i)$ 的拟合公式如下：

$$k_n(t_i) = a\cos^2\theta_i + b\cos\theta_i\sin\theta_i + c\sin^2\theta_i \tag{4.44}$$

式中，a、b、c 为拟合系数，其表达式如下：

$$a = k_n(t_{i\max}) \tag{4.45}$$

$$b = \frac{x_{13}x_{22} - x_{23}x_{12}}{x_{11}x_{22} - x_{12}^2} \tag{4.46}$$

$$c = \frac{x_{11}x_{23} - x_{12}x_{13}}{x_{11}x_{22} - x_{12}^2} \tag{4.47}$$

其中，通过将所有邻域点 V_i 对应的 θ_i 与 $k_n(t_i)$ 代入式（3.15），结合最小二乘法得到 x_{11}、x_{12}、x_{22}、x_{13}、x_{23} 的表达式如下：

$$x_{11} = \sum_{i=1}^{m} \cos^2\theta_i \sin^2\theta_i \tag{4.48}$$

$$x_{12} = \sum_{i=1}^{m} \cos\theta_i \sin^3\theta_i \tag{4.49}$$

$$x_{22} = \sum_{i=1}^{m} \sin^4\theta_i \tag{4.50}$$

$$x_{13} = \sum_{i=1}^{m} \left[k_n(\boldsymbol{t}_i) - k_n(\boldsymbol{t}_{i\max}) \cos^2\theta_i \right] \cos\theta_i \sin\theta_i \tag{4.51}$$

$$x_{23} = \sum_{i=1}^{m} \left[k_n(\boldsymbol{t}_i) - k_n(\boldsymbol{t}_{i\max}) \cos^2\theta_i \right] \sin^2\theta_i \tag{4.52}$$

（5）基于以上结果，可以计算出 V 的四类局部曲率：

$$K_G = ac - b^2/4 \tag{4.53}$$

$$K_M = (a + c)/2 \tag{4.54}$$

$$K_1 = K_M + \sqrt{K_M^2 - K_G} \tag{4.55}$$

$$K_2 = K_M - \sqrt{K_M^2 - K_G} \tag{4.56}$$

其中，K_1 为最大主曲率；K_2 为最小主曲率；K_M 为平均曲率；K_G 为高斯曲率。根据以上步骤，可以计算出颗粒表面任意点的四类局部曲率。图 4.29(a)、(c)、(e)、(g)所示分别为样例颗粒的四类局部曲率值。

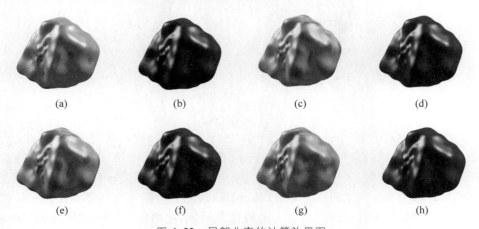

图 4.29 局部曲率的计算效果图

(a) K_1 云图；(b) 基于 K_1 识别的棱角区域；(c) K_2 云图；(d) 基于 K_2 识别的棱角区域；
(e) K_M 云图；(f) 基于 K_M 识别的棱角区域；(g) K_G 云图；(h) 基于 K_G 识别的棱角区域

求得颗粒的四种局部曲率后，可以计算出颗粒表面任意点对应的四种局部曲率半径，将所求得的局部曲率半径与颗粒最大内切球的半径进行对比，可以判定出所有属于棱角区域的棱角点。图 4.29(b)、(d)、(f)、(h)展示了基于四种曲率半径识别的棱角区域效果图。从图中可以看出,图 4.29(b)中最大主曲率所识别的颗粒棱角区域比较合理,故后续采用最大主曲率进行棱角区域的判定。

与二维磨圆度的计算过程相似,为了评价磨圆度,需要在所识别棱角区域的基础上,计算棱角区域的局部最优内切球,这一过程称为"卡球"。基于 ODEC 算法的三维版本,并结合棱角区域各棱角点的局部曲率大小排序,来实现卡球过程的计算机自动化实现。对于颗粒轮廓上的任意点 P_i,局部内切球可以用 ODEC 技术来获取,其算法的主要实现步骤如下:

(1) 计算颗粒轮廓在该 $P(r,\theta,\varphi)$ 点的内法向量 $\boldsymbol{n}(\theta,\varphi)$,其计算公式为

$$\boldsymbol{n}(\theta,\varphi)=\frac{\partial \boldsymbol{R}(\theta,\varphi)}{\partial \theta}\times\frac{\partial \boldsymbol{R}(\theta,\varphi)}{\partial \varphi} \tag{4.57}$$

(2) 以 P_i 点为起始点,沿着 P_i 点的内法向量 $\boldsymbol{N}_i$,按照预设的步长 Δr 确定一个内切球,该球的半径为 Δr。

(3) 判定该内切球与颗粒轮廓上的其他任意点是否相切。

(4) 若该内切球与颗粒轮廓上的任意点都不相切,则增大步长 Δr,重新进行第(2)步与第(3)步;若该内切球与颗粒轮廓上的任意点相切,则停止循环,以该内切球作为该点 P_i 的局部内切球,所生成的局部内切球如图 4.30 所示。

图 4.30   局部内切球生成效果

每个棱角区域的棱角点有很多,且三维颗粒的棱角区域分布特征与二维颗粒不同。对于二维颗粒,其特定棱角区域的棱角点首尾相连,且棱角区域相互之间独立分布,相邻棱角区域之间存在非棱角区域点,棱角区域相互之间是不连通的。而对于三维颗粒,由于其棱边上存在大量的棱角区域,它们相互之间是连通的,这些连通的棱角区域需要多个首尾相连的局部内切球进行拟合。因此,需要通过一定的算法来确定棱角区域的局部最优内切球,使所求得的局部最优内切球既能覆盖所有棱角区域,且局部最优内切球之间具有比较合理的重叠度,从而确保三维磨圆度评价结果的合理性与准确性。其求解方法的计算过程如下:

(1) 将棱角区域点按照其对应的最大主曲率(K_1)从大到小进行排序,K_1 越大,表示该点所对应的棱角越尖锐。因此,从 K_1 最大,即棱角最尖锐的位置进行

卡球,首先确定 K_1 最大的点所对应的局部内切球 C_1。

(2)对剩余未进行卡球的棱角区域点按照其对应的最大主曲率从小到大进行排序,确定最大主曲率最大的棱角点所对应的局部内切球 C_2。

(3)判断 C_2 与 C_1 是否重叠,定义重叠系数 O_{ij} 如下:

$$O_{ij} = \frac{R_i - \| C_i - C_j \|}{\| C_i - C_j \|} \tag{4.58}$$

其中,C_i 表示第 i 个符合判定标准的局部内切球的球心坐标;C_j 表示第 j 个待判定的局部内切球的球心位置;$C_i - C_j$ 表示 C_i 至 C_j 的距离。若 $O_{ij} > O_t$(临界重叠系数),则判定两个局部内切球重叠量太大,删除 C_j;若 $O_{ij} < O_t$,则认为两个局部内切球重叠量在容许范围,接受 C_j。

(4)重复第(2)步和第(3)步,将 C_j 与其之前所有判断成功的局部内切球进行重叠判定,若 C_j 与已有内切球都不重叠,则接受 C_j。

(5)循环进行第(4)步,直至所有棱角区域点的局部内切球都参与重叠判定,示例结果见图 4.31。

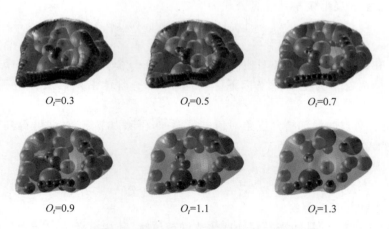

$O_t = 0.3$　　　　$O_t = 0.5$　　　　$O_t = 0.7$

$O_t = 0.9$　　　　$O_t = 1.1$　　　　$O_t = 1.3$

图 4.31　采用不同 O_t 的棱角区域内切球生成效果

从图 4.31 中可以看出,不同 O_t 生成的内切球数量与重合度显著不同,O_t 越小,内切球重叠量越大,计算量也越大,且许多棱角区域被不同的内切球重复卡球多次;而 O_t 越大,内切球重叠量越小,计算量越小,但太大的 O_t 会导致某些棱角区域被忽略。从不同 O_t 的棱角区域内切球生成效果可以看出,$O_t = 0.7$ 时,所计算的棱角区域内切球的拟合效果较好,在保证所有棱角区域都被卡球的条件下,局部内切球之间的重叠量较合理。因此一般可采用 $O_t = 0.7$ 进行计算,并将所接受的内切球作为棱角区域的局部最优内切球。

最后,根据 Wadell 对磨圆度的定义,结合以上计算的最大内切球与棱角局部

最优内切球,可以计算出该颗粒的磨圆度指标,其计算公式如下:

$$R_{\mathrm{d}}^{\mathrm{3D}} = \sum_{i=1}^{N_{\mathrm{C}}} r_i / (N_{\mathrm{C}} \cdot R_{\mathrm{insc}}) \tag{4.59}$$

其中,r_i 表示第 i 个局部内切球半径;N_{C} 表示棱角区域的总个数;R_{insc} 表示最大内切球的半径。

4.3.6 棱角度

三维棱角度指数的定义较多,包括基于极径的棱角度指数、基于梯度的棱角度指数、基于偏差角的棱角度指数和基于高斯曲率的棱角度指数等,Su 等[30] 对这些指标进行了比较系统的对比分析。

1. 基于极径的棱角度指数

Masad 等[11] 首先提出了基于半径的二维棱角度计算公式,Zhou 等[31] 以及 Su 和 Yan[32] 将该定义推广到了三维,在采用图 4.32(a)所示的三角面片来评估棱角度时,节点 i 的局部棱角度计算公式为

$$\mathrm{AI}_{\mathrm{r},i}^{\mathrm{3D}} = \frac{|r_{\mathrm{P}}(\theta_i, \varphi_i) - r_{\mathrm{EE}}(\theta_i, \varphi_i)|}{r_{\mathrm{EE}}(\theta_i, \varphi_i)} \tag{4.60}$$

式中,θ_i 和 φ_i 分别为节点 i 对应的极角和方位角;$r_{\mathrm{P}}(\theta_i, \varphi_i)$ 为颗粒在节点 i 处的极径;$r_{\mathrm{EE}}(\theta_i, \varphi_i)$ 为同一球坐标下等效椭球(由一阶球谐函数展开得到)颗粒的极径。

将所有节点的局部棱角度绝对值进行累加,再除以节点数,即可得到颗粒的整体棱角度 $\mathrm{AI}_{\mathrm{r}}^{\mathrm{3D}}$:

$$\mathrm{AI}_{\mathrm{r}}^{\mathrm{3D}} = \frac{1}{m} \sum_{i=1}^{m} \frac{|r_{\mathrm{P}}(\theta_i, \varphi_i) - r_{\mathrm{EE}}(\theta_i, \varphi_i)|}{r_{\mathrm{EE}}(\theta_i, \varphi_i)} \tag{4.61}$$

式中,m 为节点的总个数。

根据以上定义,易知当颗粒为球体或椭球体时,其棱角度 $\mathrm{AI}_{\mathrm{r}}^{\mathrm{3D}} = 0$。

2. 基于梯度的棱角度指数

基于梯度的棱角度定义被广泛应用于二维颗粒形状指标分析。对于三维颗粒,利用三角形面片进行评估时,基于梯度的局部棱角度定义如下:

$$\mathrm{AI}_{\mathrm{g},i}^{\mathrm{3D}} = \sum_{j=1}^{3} \theta_{ij} \tag{4.62}$$

式中,$\mathrm{AI}_{\mathrm{g},i}^{\mathrm{3D}}$ 为第 i 个网格处的局部棱角度;θ_{ij} 为第 i 个网格与其第 j 个相邻网格的法向量之间的夹角(以弧度为单位),如图 4.32(b)所示。

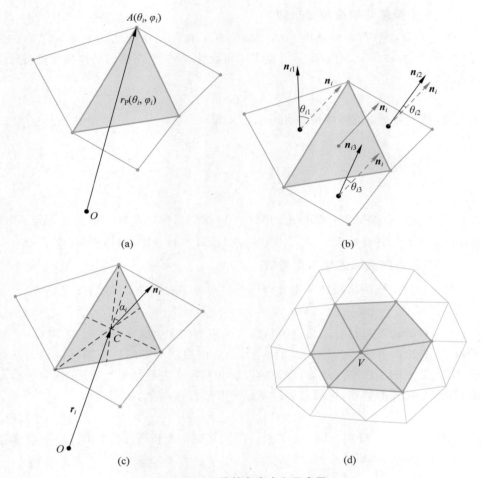

图 4.32　三维棱角度定义示意图

(a) 基于半径的三维棱角度 $\mathrm{AI_r^{3D}}$；(b) 基于梯度的三维棱角度 $\mathrm{AI_g^{3D}}$；

(c) 基于偏差角的三维棱角度 $\mathrm{AI_d^{3D}}$；(d) 基于高斯曲率的三维棱角度 $\mathrm{AI_G^{3D}}$

基于梯度的总体棱角度定义如下：

$$\mathrm{AI_g^{3D}} = \frac{\sum\limits_{i=1}^{p}\sum\limits_{j=1}^{3}\theta_{ij}}{\sum\limits_{i=1}^{p}\sum\limits_{j=1}^{3}\theta_{ij}'} - 1 \tag{4.63}$$

式中，p 为网格的总个数；θ_{ij}' 为在等价椭球（采用基于坐标的一阶球谐函数展开）下计算得出的夹角。根据上述定义，球形颗粒和椭球形颗粒的 $\mathrm{AI_g^{3D}}$ 均为 0。

3. 基于偏差角的棱角度指数

偏差角是指三角形网格中心的位置矢量 r 和该网格的法向矢量 n 之间的角度,如图 4.32(c)所示,用 α 表示。基于三角面片,第 i 个网格的局部棱角度可以表示为

$$\mathrm{AI}_{\mathrm{d},i}^{\mathrm{3D}} = \alpha_i \tag{4.64}$$

相应地,基于偏差角的整体棱角度可以定义为

$$\mathrm{AI}_{\mathrm{d}}^{\mathrm{3D}} = \frac{\sum\limits_{i=1}^{p} \alpha_i}{\sum\limits_{i=1}^{p} \alpha'_i} - 1 \tag{4.65}$$

式中,α'_i 为在等价椭球下计算得出的第 i 个网格的局部棱角度。根据上式定义,当颗粒为球体或椭球体时,其 $\mathrm{AI}_{\mathrm{d}}^{\mathrm{3D}}$ 均为 0,这与 $\mathrm{AI}_{\mathrm{r}}^{\mathrm{3D}}$ 和 $\mathrm{AI}_{\mathrm{g}}^{\mathrm{3D}}$ 保持一致。

4. 基于高斯曲率的棱角度指数

颗粒表面某点的高斯曲率主要由该点的两个主曲率(k_1 和 k_2)定义:

$$k_{\mathrm{G}} = k_1 \cdot k_2 \tag{4.66}$$

有多种算法可以估算三角形网格顶点的主方向和主曲率[26,33]。采用 Dong 和 Wang[26] 提出的方法,如图 4.32(d)所示,主要以围绕节点的一个闭环区域为基础来计算该节点的主曲率。然而,颗粒的形状和粒径对表面曲率均有影响,为了最大限度地减小粒径的影响,可通过等效半径对其进行标准化,如下所示:

$$\mathrm{AI}_{\mathrm{G},i}^{\mathrm{3D}} = k_{\mathrm{G},i} r_{\mathrm{eq}}^2 \tag{4.67}$$

式中,$\mathrm{AI}_{\mathrm{G},i}^{\mathrm{3D}}$ 和 $k_{\mathrm{G},i}$ 分别为第 i 个节点处的局部棱角度和局部高斯曲率。等效半径 r_{eq} 由颗粒体积 V 确定,$r_{\mathrm{eq}} = \sqrt[3]{3V/4\pi}$。基于高斯曲率的整体棱角度计算公式如下:

$$\mathrm{AI}_{\mathrm{G}}^{\mathrm{3D}} = \frac{r_{\mathrm{eq}}^2 \sum\limits_{i=1}^{m} k_{\mathrm{G},i}}{r_{\mathrm{eq}}'^2 \sum\limits_{i=1}^{m} k'_{\mathrm{G},i}} - 1 \tag{4.68}$$

式中,$k'_{\mathrm{G},i}$ 和 r'_{eq} 分别为等效椭球下计算得到的局部高斯曲率和等效半径。上式仍然保证了对于球体和椭球体棱角度为 0 的性质。

4.3.7 粗糙度

三维粗糙度是指颗粒表面具有的较小间距和微小峰谷的不平度。与二维粗糙度的计算类似,是确定基准面进行三维非规则颗粒粗糙度评价的基础和关键。三

维非规则颗粒基准面可通过第 3 章介绍的球谐函数重构方法得到。利用球谐基总阶数 $N=25$ 对颗粒表面进行重构,保留颗粒总体形态特征,同时去除颗粒纹理,得到平滑的表面[14,34-35]。图 4.33(a)和图 4.34(a)所示分别为采用 $N=25$ 重构后的道砟颗粒和卵石颗粒,可见,重构轮廓是光滑的表面,但同时保留了颗粒的总体形态特征(包括棱角度)。图 4.33(b)和图 4.34(b)所示分别为道砟颗粒和卵石颗粒实际点云在基准表面上的分布,可见部分点云在基准曲面外面,部分点云在基准曲面内部(因此在图中不可见)。局部粗糙度可以通过真实表面上的点与基准表面的偏差来评价。

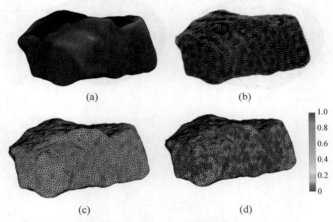

图 4.33　道砟颗粒三维粗糙度的确定

(a) 由 SH 分析重建的基准面;(b) 基准面周围扫描顶点的分布;

(c) 三维颗粒的三角面片;(d) 局部偏差分布

为了量化局部偏差,首先将点云进行三角网格化,如图 4.33(c)和图 4.34(c)所示。对于真实表面上的每个点,都能找到基准表面上与其最接近的网格节点,如图 4.35 中的 Ⅰ 到 A、Ⅱ 到 B 和 Ⅲ 到 C。利用真实表面点和基准表面点之间形成的五面体即可量化三维颗粒的局部偏差。如图 4.35 所示,首先确定真实表面上三角形网格的中心,即三角形 ABC 上的点 O。然后,确定点 O 与基准表面上三角形之间的距离 r_i,r_i 即为局部偏差。

基于局部偏差,可定义三维算术平均粗糙度 S_a 如下:

$$S_a = \frac{1}{A} \int_0^A r(a) \mathrm{d}a \tag{4.69a}$$

和

$$S_a = \frac{1}{A} \sum_{i=1}^m r_i a_i \tag{4.69b}$$

式中,r 为局部偏差;a 为三角网格面积;A 为基准表面的总面积。

(a)　　　　　　　　　　　(b)

(c)　　　　　　　　　　　(d)

图 4.34　卵石颗粒三维粗糙度的确定

（a）由 SH 分析重建的基准面；（b）基准面周围扫描顶点的分布；

（c）三维颗粒的三角面片；（d）局部偏差分布

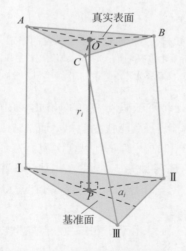

图 4.35　局部偏差的确定

类似地,可定义三维均方根粗糙度 S_q 如下:

$$S_q = \sqrt{\frac{1}{A}\int_0^A \left[r(a)\right]^2 \mathrm{d}a} \qquad (4.70\mathrm{a})$$

和

$$S_q = \sqrt{\frac{1}{A}\sum_{i=1}^{m} r_i^2 a_i} \qquad (4.70b)$$

此外,还可以定义相对粗糙度,即用颗粒的等效半径 r_{eq} 对粗糙度进行无量纲化,其计算公式为

$$\bar{S}_a = \frac{S_a}{r_{eq}} = \sqrt[3]{\frac{4\pi}{3V}} S_a \qquad (4.71a)$$

和

$$\bar{S}_q = \frac{S_q}{r_{eq}} = \sqrt[3]{\frac{4\pi}{3V}} S_q \qquad (4.71b)$$

式中,V 表示颗粒的体积。

4.4　三维非规则颗粒形态评价实例

4.4.1　三维棱角度评价实例

首先利用 4.3.6 节定义的基于极径的棱角度指数、基于梯度的棱角度指数、基于偏差角的棱角度指数和基于高斯曲率的棱角度指数对某样例颗粒的局部棱角度分布特性进行计算分析,在计算过程中,采用 $N=25$ 对颗粒表面进行重构,重构中网格采用 20480 面体(图 3.11)。如图 4.36 所示为局部棱角度在颗粒表面的分布云图,其中黄色区域代表较高棱角度分布的区域。可以看出,对于基于梯度的 AI_g^{3D} 和基于高斯曲率的 AI_G^{3D} 来说,在颗粒棱角处或边缘处的棱角度较高。而对于基于半径的棱角度 AI_r^{3D} 来说,在颗粒表面的一些平坦区域棱角度较高,这是因为在平坦区域中表面节点的极径与等效椭球相应点的极径偏差较大。对于基于偏差角的棱角度 AI_d^{3D} 来说,那些法线向量和位置向量之间夹角为钝角的区域显示出较高的棱角度值。因此,就局部棱角度而言,与 AI_d^{3D} 和 AI_r^{3D} 相比,AI_g^{3D} 和 AI_G^{3D} 更好地反映了颗粒的形态特征。

如图 4.37 所示为局部棱角度相对于极角和方位角的分布云图,该云图的优点是即使颗粒不是星形颗粒,也能清楚地看到整个颗粒表面上的棱角度分布。从图中可以看出,AI_g^{3D} 和 AI_G^{3D} 存在许多凸起或尖峰,AI_d^{3D} 和 AI_r^{3D} 分布更为平滑。在图 4.37(a)中,AI_r^{3D} 值接近零的"山谷"代表颗粒表面节点的极径大小接近于等效椭球极径大小的区域。图 4.37(b)和(d)表明,具有较高 AI_g^{3D} 值的区域通常也具有较高的 AI_G^{3D} 值。

如图 4.38 所示为局部棱角度的概率密度分布图。随着数值的增加,AI_r^{3D} 的概率密度呈线性下降的趋势。由于 AI_d^{3D} 主要反映的是法线向量和位置向量之间

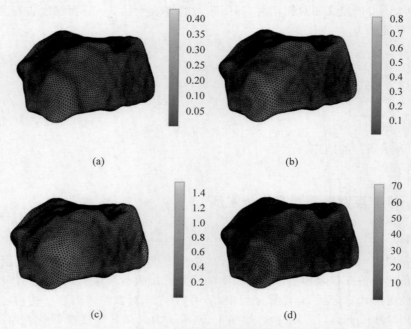

图 4.36　局部棱角度在颗粒表面的分布云图

（a）AI_r^{3D}；（b）AI_g^{3D}；（c）AI_d^{3D}；（d）AI_G^{3D}

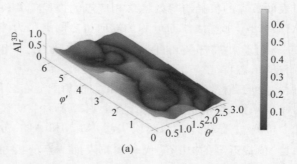

图 4.37　局部棱角度相对于极角和方位角的分布云图

（a）AI_r^{3D}；（b）AI_g^{3D}；（c）AI_d^{3D}；（d）AI_G^{3D}

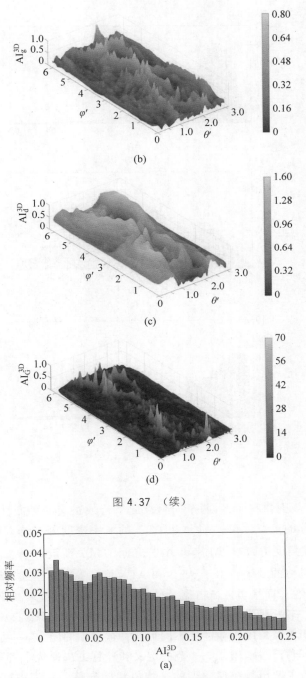

(b)

(c)

(d)

图 4.37 （续）

(a)

图 4.38　局部棱角度的概率密度分布图

（a）AI_r^{3D}；（b）AI_g^{3D}；（c）AI_d^{3D}；（d）AI_G^{3D}

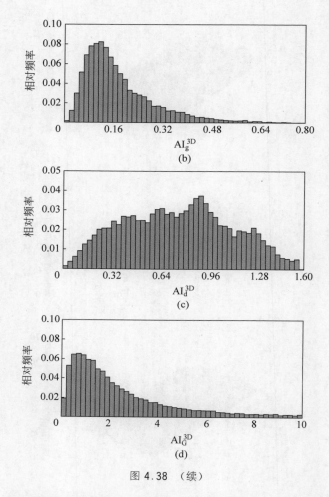

图 4.38 （续）

的夹角,对于不规则颗粒而言,两个向量彼此平行或正交的可能性相对较低,因此表现出近似对称的正态分布。AI_g^{3D} 和 AI_G^{3D} 的概率密度分布均近似为 Beta 分布,这表明在四个棱角度指数中,AI_g^{3D} 和 AI_G^{3D} 之间的相关性最高,从图 4.36 和图 4.37 中也可以得出类似的结论。由于 AI_g^{3D} 和 AI_G^{3D} 值在颗粒拐角或边缘处较大而在颗粒平坦区域中较小,而平坦区域占据了样例颗粒表面的大部分,如图 4.38 所示,因此 AI_g^{3D} 和 AI_G^{3D} 较小值分布频率较高,较大值分布频率相对较低。

为检验这四种棱角度指数区分不同形态特征颗粒的能力,一共挑选了 30 个道砟颗粒和 30 个卵石颗粒,用 4.3.6 节的定义和计算方法评价了各颗粒的整体棱角度。表 4.5 比较了两组颗粒棱角度的平均值和标准差。从表中可以看出,道砟颗粒的四种棱角度平均值都比卵石颗粒高,对于 AI_r^{3D}、AI_g^{3D} 和 AI_G^{3D},卵石颗粒与道砟颗粒的平均值之比在 $0.60 \sim 0.82$ 范围内,而对于 $\mathrm{AI_d^{3D}}$ 来说,该比值较小,为 0.27。无论对于卵石颗粒还是道砟颗粒,基于高斯曲率的棱角度 $\mathrm{AI_G^{3D}}$ 似乎比其他定义下的棱角度值更为分散。总体而言,对于四种棱角度,道砟颗粒均显示出比卵石颗粒更高的值,其中 $\mathrm{AI_d^{3D}}$ 值差异最为明显。

表 4.5　道砟颗粒与卵石颗粒的棱角度对比

棱角度指数	道砟颗粒			卵石颗粒			平均值比值（卵石/道砟）
	平均值	标准差	离散系数	平均值	标准差	离散系数	
$\mathrm{AI_r^{3D}}$	0.12	0.019	0.16	0.098	0.027	0.28	0.82
$\mathrm{AI_g^{3D}}$	2.26	1.08	0.48	1.80	0.80	0.44	0.80
$\mathrm{AI_d^{3D}}$	0.64	0.24	0.38	0.17	0.13	0.76	0.27
$\mathrm{AI_G^{3D}}$	4.71	5.92	1.26	2.83	2.43	0.86	0.60

为分析不同定义下棱角度之间的相关性,将各颗粒不同定义下的棱角度值进行比较,并利用通过原点(根据定义,球体和椭球体四种棱角度均为零)的线性函数对数据进行拟合,发现只有 $\mathrm{AI_g^{3D}}$ 与 $\mathrm{AI_G^{3D}}$ 之间的相关性较强(R^2 约为 0.65),其他棱角度之间的相关性均较弱。如采用幂函数对 $\mathrm{AI_g^{3D}}$ 与 $\mathrm{AI_G^{3D}}$ 值进行拟合,如图 4.39 所示,可得如下关系:

$$\mathrm{AI_G^{3D}} = \alpha \, (\mathrm{AI_g^{3D}})^{\beta} \tag{4.72}$$

式中,α 和 β 为拟合系数。道砟颗粒的 $\alpha = 0.82$ 和 $\beta = 1.9$,卵石颗粒的 $\alpha = 0.95$ 和 $\beta = 1.59$,此时,拟合的相关系数较高。

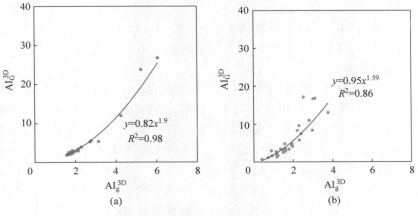

图 4.39　$\mathrm{AI_g^{3D}}$ 与 $\mathrm{AI_G^{3D}}$ 的幂函数拟合

(a) 道砟颗粒；(b) 卵石颗粒

上述结果表明,尽管对于球体和椭球体,不同定义的棱角度值均为 0,但四种不同的定义反映出的颗粒形态特征不同。在某种程度上,曲率取决于相邻三角网格之间法线方向的变化,因此,AI_g^{3D} 与 AI_G^{3D} 之间具有较好的相关性。

4.4.2 碎石与卵石颗粒的三维形态对比分析

本小节基于 2.2 节提出的近景摄影测量法对 100 个真实的花岗岩碎石颗粒与 100 个真实的砂岩卵石颗粒进行三维重构,并采用本章提出的形状评价算法对真实颗粒的三维形貌进行量化分析。如图 4.40 所示为重构后的三维碎石与卵石颗粒样例。

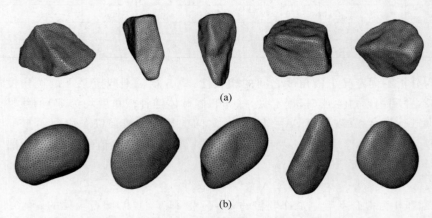

图 4.40 三维扫描的真实颗粒三角网格模型样例图
(a) 碎石颗粒;(b) 卵石颗粒

首先采用 Minkowski 张量法确定各个颗粒的主尺度,对其进行细长度与扁平度的评价。图 4.41 所示为样例颗粒所确定的细长度 EI^{3D} 与扁平度 FI^{3D} 的结果,并同时展示了颗粒的外接矩形包围盒。

图 4.42 与图 4.43 所示分别为碎石颗粒和卵石颗粒的细长度与扁平度的概率密度统计结果。从图中可以看出,碎石与卵石颗粒的细长度与扁平度基本在 0.4~1.0 的范围内变化。采用高斯函数对碎石与卵石颗粒的细长度与扁平度的概率密度进行拟合,拟合系数都达到 0.9 以上,这说明碎石与卵石颗粒的细长度与扁平度指标都服从高斯分布。

图 4.44 所示为碎石与卵石颗粒细长度与扁平度的相关性,从图中可以看出,细长度与扁平度在 0.3~1.0 范围内的分布比较随机,相关性很弱。此外,相比于碎石,卵石颗粒的细长度与扁平度在 0.5~0.7 范围内数量更多。而相比于卵石,碎石颗粒的细长度与扁平度在 0.7~0.9 范围内的数量更多。从整体上看,卵石比碎石更加细长与扁平。

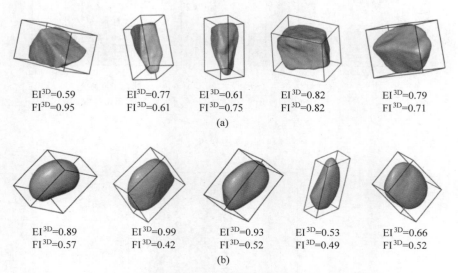

EI³ᴰ=0.59
FI³ᴰ=0.95

EI³ᴰ=0.77
FI³ᴰ=0.61

EI³ᴰ=0.61
FI³ᴰ=0.75

EI³ᴰ=0.82
FI³ᴰ=0.82

EI³ᴰ=0.79
FI³ᴰ=0.71

(a)

EI³ᴰ=0.89
FI³ᴰ=0.57

EI³ᴰ=0.99
FI³ᴰ=0.42

EI³ᴰ=0.93
FI³ᴰ=0.52

EI³ᴰ=0.53
FI³ᴰ=0.49

EI³ᴰ=0.66
FI³ᴰ=0.52

(b)

图 4.41　颗粒的细长度与扁平度计算效果图

(a) 碎石颗粒；(b) 卵石颗粒

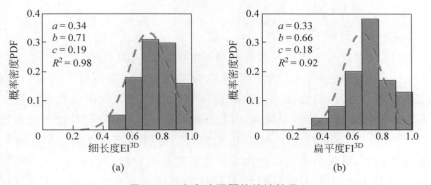

(a)

(b)

图 4.42　真实碎石颗粒统计结果

(a) 细长度；(b) 扁平度

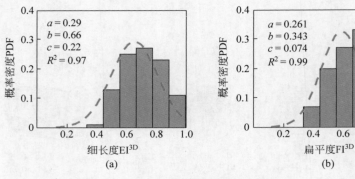

图 4.43　真实卵石颗粒统计结果

（a）细长度；（b）扁平度

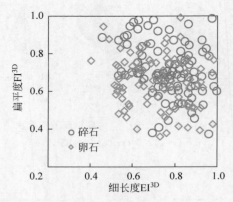

图 4.44　细长度与扁平度的相关性

　　然后，对三维碎石与卵石颗粒进行磨圆度的评价。图 4.45 所示为 5 个碎石颗粒样本与 5 个卵石颗粒样本的磨圆度计算效果图。从图中可以看出，所识别棱角区域比较合理，且棱角处的拟合球能够反映颗粒在棱角处的尖锐程度。进一步比较碎石与卵石颗粒棱角处的局部内切拟合球，可以看出，卵石颗粒棱角区域所拟合的局部内切球比碎石颗粒要大许多，因此卵石颗粒所计算的磨圆度值比碎石的磨圆度值整体偏大，反映出卵石颗粒相对于碎石颗粒更加圆润。

　　进一步对 100 个真实碎石与卵石颗粒的磨圆度评价结果进行统计分析，如图 4.46 所示。从图中可以看出，碎石颗粒的磨圆度在 0.15~0.35 之间变化，而卵石颗粒的磨圆度在 0.15~0.55 之间变化。采用高斯分布函数对两种颗粒磨圆度的概率密度进行拟合，拟合系数都大于 0.95，说明碎石与卵石颗粒的磨圆度也都服从高斯分布。此外，碎石颗粒磨圆度的概率密度分布曲线的形态比较瘦长，而卵石颗粒磨圆度的概率密度分布曲线的形态比较宽扁，这说明碎石颗粒的磨圆度分

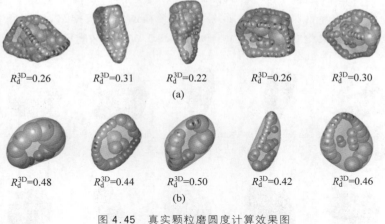

$R_d^{3D}=0.26$ $R_d^{3D}=0.31$ $R_d^{3D}=0.22$ $R_d^{3D}=0.26$ $R_d^{3D}=0.30$
(a)

$R_d^{3D}=0.48$ $R_d^{3D}=0.44$ $R_d^{3D}=0.50$ $R_d^{3D}=0.42$ $R_d^{3D}=0.46$
(b)

图 4.45　真实颗粒磨圆度计算效果图
（a）碎石；（b）卵石

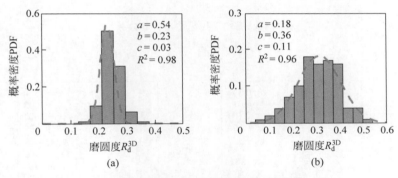

图 4.46　真实颗粒磨圆度统计结果
（a）碎石；（b）卵石

布比较集中，差异较小，而卵石颗粒的磨圆度分布范围比较大，不同卵石颗粒的磨圆度差异较大。

最后，对三维碎石与卵石颗粒进行粗糙度的评价。图 4.47 所示为 5 个碎石颗粒样本与 5 个卵石颗粒样本的粗糙度计算效果图。

进一步对 100 个真实碎石与卵石颗粒的粗糙度评价结果进行统计分析，如图 4.48 所示。从图中可以看出，碎石颗粒的相对粗糙度在 0.005～0.015 之间变化，而卵石颗粒的相对粗糙度在 0～0.005 之间变化，这表明碎石颗粒比卵石颗粒的局部表面凹凸特征要明显许多。采用高斯分布函数对两种颗粒粗糙度的概率密度进行拟合，拟合系数分别为 0.94 与 0.98，说明碎石与卵石颗粒的粗糙度统计结果都可以用高斯分布来描述。从概率密度分布曲线形态上看，碎石颗粒粗糙度

PDF 分布曲线形态更宽更扁，说明碎石颗粒相互之间的粗糙度差异更大，有的碎石偏光滑，而有的碎石非常粗糙。此外，卵石颗粒的曲线较瘦窄，说明卵石整体上都比较光滑，因此粗糙度取值更集中于 0.001～0.002 的区间段。

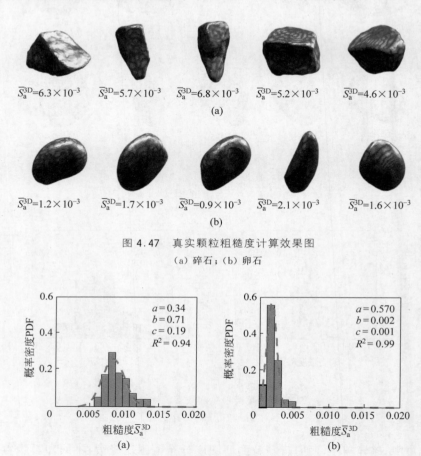

$\overline{S}_a^{3D}$=6.3×10^{-3}
$\overline{S}_a^{3D}$=5.7×10^{-3}
$\overline{S}_a^{3D}$=6.8×10^{-3}
$\overline{S}_a^{3D}$=5.2×10^{-3}
$\overline{S}_a^{3D}$=4.6×10^{-3}
(a)
$\overline{S}_a^{3D}$=1.2×10^{-3}
$\overline{S}_a^{3D}$=1.7×10^{-3}
$\overline{S}_a^{3D}$=0.9×10^{-3}
$\overline{S}_a^{3D}$=2.1×10^{-3}
$\overline{S}_a^{3D}$=1.6×10^{-3}
(b)

图 4.47　真实颗粒粗糙度计算效果图

(a) 碎石；(b) 卵石

概率密度PDF
a=0.34
b=0.71
c=0.19
R^2=0.94
粗糙度$\overline{S}_a^{3D}$
(a)
a=0.570
b=0.002
c=0.001
R^2=0.99
(b)

图 4.48　真实颗粒粗糙度统计结果

(a) 碎石；(b) 卵石

4.4.3　平潭砂颗粒的三维形态分析

本小节对 100 个平潭砂颗粒进行三维形态分析。首先利用深圳大学的 X-ray CT 扫描仪(XRadia Micro XCT-400)对 100 个平潭砂颗粒进行扫描，样例颗粒见图 4.49，然后基于三维非星形颗粒几何形态重构方法重构颗粒的三维几何形貌，再计算其各形态指标并进行形态评价。

图 4.49 平潭砂颗粒(μXCT 扫描)

1. 网格划分对形状指标计算的影响

大多数指标(如体积、表面积和棱角度)是通过数值积分计算的,其精度取决于 θ 和 φ 的步长(即球面网格尺寸)。选择合适的网格尺寸有助于平衡计算精度和计算效率。采用规则的四边形网格,并给定网格尺寸 $\Delta\theta = \Delta\varphi = \pi/w$。其中,$w$ 为网格数,w 越大,网格划分越细。取 $w = 10, 20, 30, \cdots, 100$ 分别计算颗粒的尺寸指标和形状指标,计算结果见图 4.50 和图 4.51。图 4.50 表明,当 w 较小时(如 $w = 10$ 和 30),重构出的颗粒可以很好地再现总体形状,但表面的局部纹理和粗糙度等信息会丢失。从图 4.51(a)中可以看出,当 $w < 30$ 时,颗粒的体积和表面积受到 w 的显著影响;随着 w 的增加,计算结果逐步趋于稳定;当 $w > 60$ 时,计算结果几乎

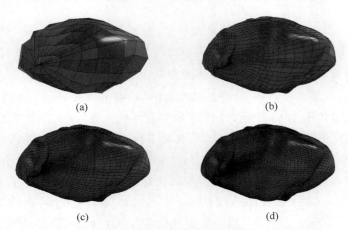

图 4.50 网格划分对颗粒表面重构精度的影响

(a) $w = 10$;(b) $w = 30$;(c) $w = 50$;(d) $w = 80$

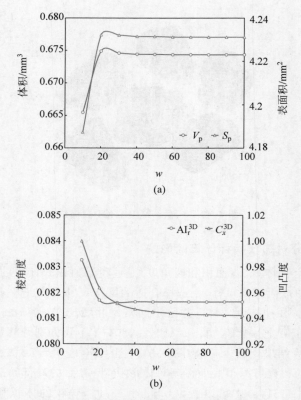

图 4.51　网格划分对形状指标计算的影响

（a）颗粒体积与表面积随 w 的变化曲线；（b）颗粒凹凸度与棱角度随 w 的变化曲线

不发生变化。图 4.51(b)表明，棱角度 AI_r^{3D} 在 $w=40$ 时趋于稳定，但凹凸度 C_x^{3D} 在 $w>60$ 时仍会发生微小变化。根据以上结果，可取 $w=80$，即 $\Delta\theta=\Delta\varphi=\pi/80$。

2. 球谐基总阶数 N 对形态指标的影响

为分析球谐基总阶数 N 对形态指标的影响，采用 $N=1\sim15$ 分别对颗粒进行重构，部分结果如图 4.52 所示，并计算各形态指标。图 4.53 绘制了球形度 S^{3D}、凹凸度 C_x^{3D}、棱角度 AI_r^{3D}、细长度 EI^{3D} 和扁平度 FI^{3D} 形状指标相对于 N 的变化曲线。从图中可以看出，当 $N=1$ 时，凹凸度 $C_x^{3D}=1$，这是因为当球谐函数 $N=1$ 时，重构颗粒为一个椭球颗粒，此时包围该颗粒的凸包即为颗粒本身，因此凹凸度等于 1。当 $N=7$ 时，颗粒凹凸度最小，为 0.92；当 $N=8$ 时，该值增加到约为 0.95。随着 N 的进一步增加，凹凸度整体趋于稳定，但仍有微小波动。颗粒球形度的变化趋势与凹凸度几乎一致。

从图 4.53(b)中可以看出，当 $N=1$ 时，重构颗粒为一个椭球颗粒，其表面完全

图 4.52　球谐基总阶数 N 对颗粒表面重构精度的影响
(a) $N=1$；(b) $N=3$；(c) $N=5$；(d) $N=8$；(e) $N=11$；(f) $N=15$

光滑，棱角度等于 0；当 $N=3$ 时，棱角度急剧增加到 0.07；当 $N=7$ 时，棱角度进一步增加到 0.09；当 $N=9$ 时，棱角度下降到 0.08。当 N 进一步增加时，尽管颗粒粗糙度越来越大，但棱角度变化不大。通过对比图 4.53(a) 和图 4.53(b) 可以看出，棱角度曲线的变化趋势几乎与球形度、凹凸度相反，表明当颗粒的棱角度增大时，其球形度和凹凸度会相应降低。

由图 4.53(b) 所示细长度 EI^{3D} 和扁平度 FI^{3D} 的变化曲线可以看出，一阶球谐函数表征的椭球颗粒 EI^{3D} 和 FI^{3D} 值分别为 0.62 和 0.98，表明椭球颗粒次长轴长度 l_2^{3D} 和短轴长度 l_3^{3D} 非常接近。当 N 从 1 增加到 9 时，FI^{3D} 的变化要比 EI^{3D} 大。随着 N 的进一步增加，EI^{3D} 和 FI^{3D} 的变化可忽略不计。

图 4.54 所示为所有颗粒在不同 N 值所计算的 EI^{3D} 与在 $N=15$ 时所计算的 EI^{3D} 之间的关系。从图中可以看出，N 取值较小时参数相关性很差，随着 N 的增加，相关性显著提高。如果使用最小二乘法将数据进行线性拟合，则可以将相关系数 R^2 作为衡量不同 N 值表征精度的标准，如对于细长度 EI^{3D} 而言，当 $N=1,3,5,8,11$ 时，相关系数 R^2 分别为 0.481,0.787,0.932,0.954,0.987。

表 4.6 汇总了所有形状指标在不同 N 值和 $N=15$ 之间的相关系数，从表中可以明显看出相关系数随着 N 的增加而增加（除了 $N=1$，因为当 $N=1$ 时棱角度等

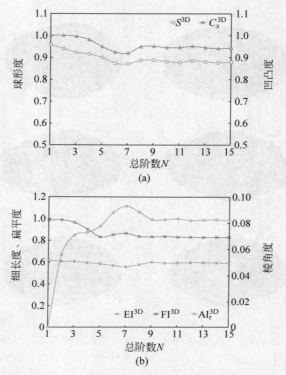

图 4.53　球谐基总阶数 N 对形态指标计算的影响

（a）颗粒球形度与凹凸度随 N 的变化曲线；（b）颗粒细长度、扁平度与棱角度随 N 的变化曲线

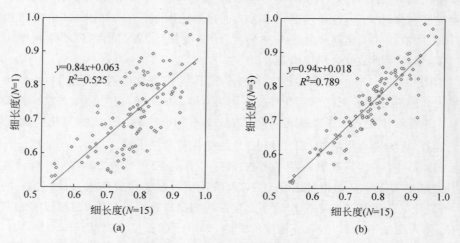

图 4.54　不同 N 值所计算的细长度与在 N = 15 时所计算的细长度之间的相关性分析

（a）N = 1；（b）N = 3；（c）N = 5；（d）N = 8；（e）N = 11；（f）N = 15

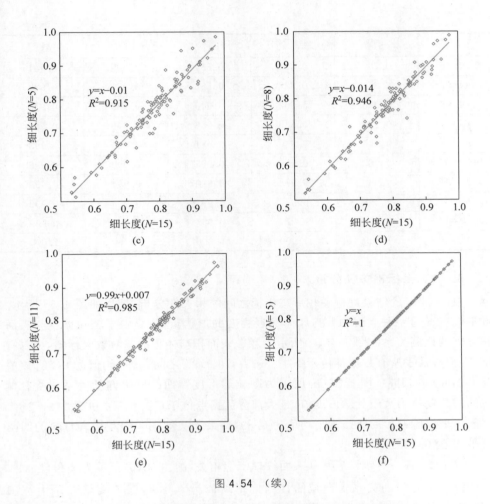

图 4.54 （续）

于 0,其 $R^2 = 1$)。根据表中结果,可以视表征精度的需要来确定 N 的最小值,如要求所有形状指标的相关系数 $R^2 > 0.90$ 时,根据表 4.6 可确定 N 的最小值为 10。

表 4.6　不同 N 值下形状指标与 $N = 15$ 时的形状指标之间的相关系数汇总

N 值	S^{3D}	C_x^{3D}	EI^{3D}	FI^{3D}	AI_r^{3D}
$N = 1$	0.398	0.012	0.525	0.362	1.000
$N = 2$	0.425	0.014	0.486	0.317	0.581
$N = 3$	0.468	0.061	0.789	0.756	0.747
$N = 4$	0.607	0.312	0.879	0.800	0.903
$N = 5$	0.756	0.471	0.915	0.857	0.952

续表

N 值	S^{3D}	C_x^{3D}	EI^{3D}	FI^{3D}	AI_r^{3D}
$N=6$	0.787	0.334	0.881	0.889	0.941
$N=7$	0.877	0.378	0.886	0.931	0.939
$N=8$	0.948	0.662	0.946	0.962	0.972
$N=9$	0.970	0.866	0.968	0.978	0.987
$N=10$	0.978	0.930	0.981	0.984	0.993
$N=11$	0.982	0.951	0.985	0.990	0.996
$N=12$	0.990	0.970	0.990	0.994	0.999
$N=13$	0.988	0.972	0.995	0.996	0.999
$N=14$	0.989	0.977	0.997	0.998	0.999
$N=15$	1.000	1.000	1.000	1.000	1.000

3. 形态指标相关性分析

取 $N=15$ 的结果进行颗粒形态指标之间的相关性分析,结果如图 4.55 所示。球形度 S^{3D} 是一种表现颗粒与球体接近程度的形状指标,反映了颗粒体积与表面积之间的比例关系。图 4.55(a)所示为颗粒表面积与体积的双对数坐标图,可以看出,平潭砂几乎所有数据都位于 $S^{3D}=0.70$ 和 0.95 之间,其平均值为 0.83,该值与 Ottawa 砂相同。图 4.55(b)所示为颗粒球形度和凹凸度之间的关系。所有颗粒的凹凸度值均大于其球形度值,且大部分数据点位于 $C_x^{3D}=S^{3D}$ 和 $C_x^{3D}=1.2S^{3D}$ 之间。平潭砂颗粒的凹凸度平均值为 0.89,略大于文献[36]中花岗岩骨料的凹凸度平均值(0.83)。

棱角度 AI_r^{3D} 与颗粒形状和表面纹理密切相关,图 4.55(c)所示为棱角度 AI_r^{3D} 与球度 S^{3D} 之间的关系。颗粒的棱角度平均值为 0.106,低于文献[31]中英国 LBS(Leighton Buzzard sand)颗粒的棱角度平均值(约 0.13)。棱角度与球形度之间并不具有唯一的线性关系,而是处于两条线之间:

$$AI_r^{3D} = -0.36S^{3D} + 0.36 \tag{4.73a}$$

$$AI_r^{3D} = -1.2S^{3D} + 1.2 \tag{4.73b}$$

两条线均通过表征球体的点($S^{3D}=1$ 和 $AI_r^{3D}=0$)。随着颗粒球形度的减少,棱角度增大,数据变得更加分散。

图 4.55(d)所示为平潭砂颗粒细长度 EI^{3D} 和扁平度 FI^{3D} 的分布。EI^{3D} 和 FI^{3D} 的平均值分别为 0.78 和 0.83,说明短轴长度 l_3^{3D} 的值比长轴长度 l_1^{3D} 的值更接近次长轴长度 l_2^{3D} 的值。根据 Zingg[37] 提出的颗粒形态分类标准,大多数的平潭砂颗粒(约 76%)属于"球形"(EI^{3D} 和 FI^{3D} 均大于 2/3),约 12% 的颗粒属于"扁

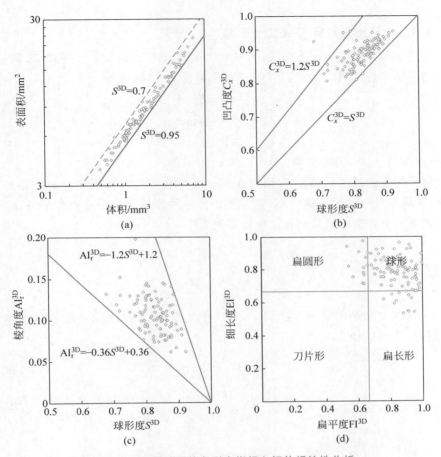

图 4.55 平潭砂颗粒各形态指标之间的相关性分析

（a）体积与表面积；（b）球形度与凹凸度；（c）球形度与棱角度；（d）细长度与扁平度

圆形"，约 12% 属于"扁长形"，没有颗粒属于"刀片形"。"扁长形"和"扁圆形"区域中的颗粒，其细长度 EI^{3D} 和扁平度 FI^{3D} 的值均大于 0.5。

4.5 非规则颗粒二维指标与三维指标的相关性分析

由于颗粒的二维轮廓通常由三维颗粒的投影或者截取横截面得到，所以颗粒的二维形态指标与其三维形态指标之间应当具有一定的相关性，本节旨在分析这一相关性。

4.5.1　三维颗粒投影到二维平面

可将三维颗粒沿某一方向投影,从而得到二维投影轮廓。如图 4.56 所示,投影方向可用单位球表面上的一个点的矢径 $\boldsymbol{n}$ 表示,其分量为

$$n_x = \sin\theta\cos\varphi \tag{4.74a}$$

$$n_y = \sin\theta\sin\varphi \tag{4.74b}$$

$$n_z = \cos\theta \tag{4.74c}$$

式中,$\varphi(0 \leqslant \varphi < 2\pi)$为方位角;$\theta(0 \leqslant \theta < \pi)$为极角。

为了模拟随机的投影方向,需要生成一系列在单位球体表面均匀分布的离散点集,再从中进行随机选取。Koay[38] 提出了一种生成均匀分布点集的方法,该方法中北半球上各点的极角和方位角分别为

$$\theta_i = \left(i - \frac{1}{2}\right)\frac{\pi/2}{n}, \quad i = 1, 2, \cdots, n \tag{4.75a}$$

$$\varphi_{i,j} = \left(j - \frac{1}{2}\right)\frac{2\pi}{k_i}, \quad j = 1, 2, \cdots, k_i \tag{4.75b}$$

式中,n 为北半球的纬度圆个数;k_i 为第 i 个纬度圆上的离散点个数。纬度圆个数 n 可通过下式估算:

$$n \approx \left[\sqrt{\frac{K\pi}{8}}\right] \tag{4.76}$$

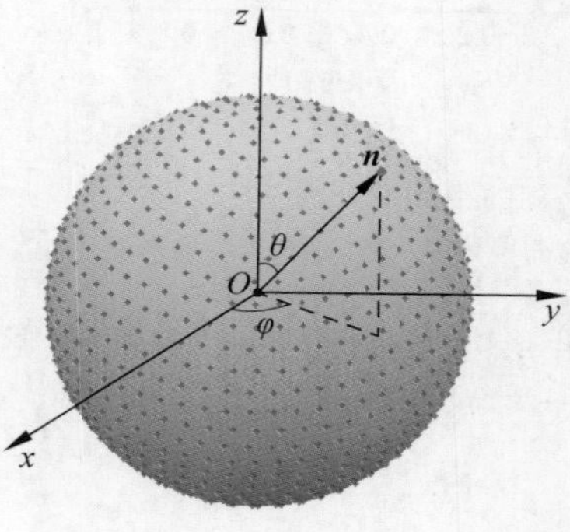

式中,K 为半球上的离散点总数;$[\ ]$表示取最接近的整数。k_i 由下式计算:

$$k_i = \begin{cases} \left[\dfrac{2\sin\theta_i}{\csc\dfrac{\pi}{4n}}K\right], & i = 1, 2, \cdots, n-1 \\ K - \displaystyle\sum_{i=1}^{n-1}k_i, & i = n \end{cases} \tag{4.77}$$

图 4.56　单位球面上 1000 个均匀分布
　　　　的投影方向

图 4.56 所示为采用上述方法生成的 1000 个离散点(取 $K = 500$)。

定义两种类型的投影:全方位投影和随机投影。在全方位投影中,每个颗粒将沿着图 4.56 中生成的 1000 个投影方向进行投影,得到相应的二维投影轮廓,然后对每个二维投影轮廓的形态指标分别进行评估,再计算指标的平均值,以反映颗粒的“平均”二维形态特征。在随机投影中,仅从 1000 个投影方向中随机选取一个方向进行投影,

然后评估该投影轮廓的形状指标。

4.5.2　平潭砂颗粒二维投影轮廓形态指标分析

首先对一个平潭砂样例颗粒进行全投影,计算每个二维投影轮廓的形态指标。图 4.57 所示为投影方向的极角相同($\theta = 48.2°$),但方位角 φ 在 0°~360° 之间变化的 42 个二维投影轮廓的形态指标。从图中可以看出,二维投影轮廓的各指标值均随着投影方向的变化而变化。长轴长度 l_1^{3D} 和短轴长度 l_3^{3D} 的分布存在一定的相似性,表现为 φ 在 100°~180° 之间时变化均较为平缓。球形度和凹凸度的分布特性也具有一定的相似性,例如最大值均出现在 $\varphi = 0°$ 处,局部峰值均出现在 $\varphi = 100°$ 和 $\varphi = 170°$ 处。在 6 个参数中,棱角度随着方位角的变化而波动的特性最为明显。

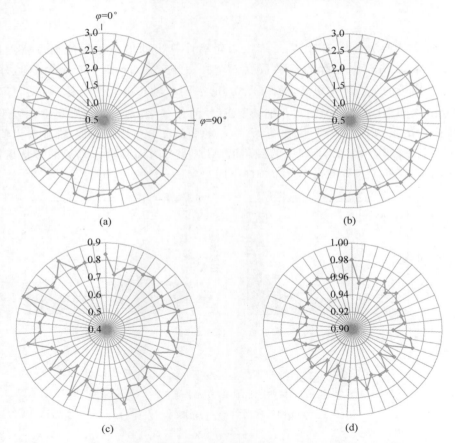

图 4.57　同一极角($\boldsymbol{\theta} = 48.2°$)不同方位角 $\boldsymbol{\varphi}$ 下各投影方向的二维形态指标变化分布

(a) 长轴长度 l_1^{2D};(b) 短轴长度 l_2^{2D};(c) 细长度 EI^{2D};(d) 球形度 S^{2D};(e) 凹凸度 C_x^{2D};(f) 棱角度 AI_r^{2D}

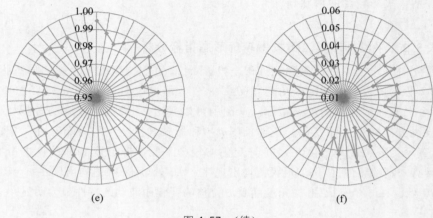

(e)　　　　　　　　　　　　　　(f)

图 4.57　（续）

　　图 4.58 所示为从 1000 个二维投影轮廓计算出的形态指标的概率密度图。图 4.58(a)表明投影轮廓的长轴长度 l_1^{3D} 主要分布在 2～2.8mm 范围内，并且 2.8mm 附近的分布频率更高，而图 4.58(b)表明短轴长度 l_3^{3D} 主要分布在 1.6～ 2.2mm 之间，且分布较为均匀。细长度 EI^{2D} 的分布（图 4.58(c)）则集中在较小值范围内。图 4.58(d)的球形度和图 4.58(e)的凹凸度分布比较相似，都在较大值处的分布频率较高。图 4.58(f)中的棱角度 AI_r^{2D} 是具有对称分布趋势的形状指标。总体而言，这 6 个参数的概率分布特性不同。

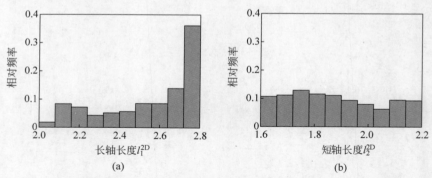

(a)　　　　　　　　　　　　　　(b)

图 4.58　全方位投影下二维形态指标的概率密度分布图

（a）长轴长度 l_1^{2D}；（b）短轴长度 l_2^{2D}；（c）细长度 EI^{2D}；（d）球形度 S^{2D}；

（e）凹凸度 C_x^{2D}；（f）棱角度 AI_r^{2D}

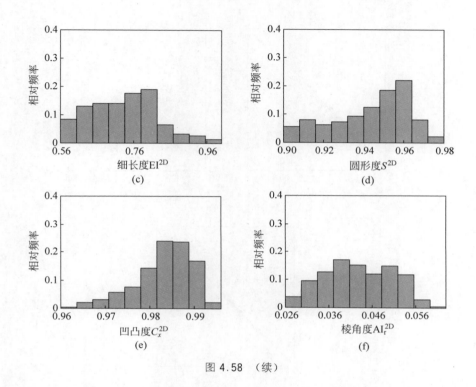

图 4.58　（续）

4.5.3　平潭砂颗粒三维形态指标与二维形态指标相关性分析

为分析颗粒三维形态特征与二维投影轮廓形态特征之间的相关性，对 100 个平潭砂颗粒均进行了全方位投影，并计算出每个颗粒的 1000 个二维投影轮廓各形态指标的平均值。

图 4.59 对比了三维颗粒主尺度与二维投影轮廓主尺度的平均值。从图中可以看出，颗粒三维尺寸和二维投影轮廓平均尺寸之间具有很强的线性关系，l_1^{2D} 和 l_1^{3D} 之间的拟合关系为

$$l_1^{3D} = 1.07 l_1^{2D} \tag{4.78a}$$

l_2^{2D} 和 l_3^{3D} 之间的拟合关系为

$$l_3^{3D} = 0.93 l_2^{2D} \tag{4.78b}$$

即颗粒三维长轴长度的平均值比对应二维长轴长度的平均值大 7%，而三维短轴长度比对应二维短轴长度平均值小 7%。同时图 4.59(c) 表明，三维平均粒径 d_m^{3D} 与二维平均粒径 d_m^{2D} 基本相同。

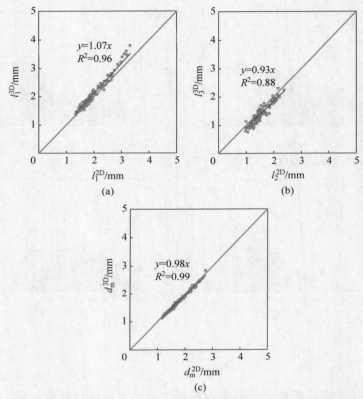

图 4.59 三维主尺度与二维主尺度的相关性分析(全方位投影)

(a) 长轴长度相关性；(b) 短轴长度相关性；(c) 平均粒径相关性

图 4.60 所示为其他三维形态指标与其他二维形态指标之间的关系对比。从图中可以看出，细长度、球形度和凹凸度均可用通过点(1,1)的直线进行拟合(对于三维球体颗粒和二维圆形颗粒，这几个指标的数值均为 1)。从图 4.60(a)和(c)中可以看出，EI^{2D} 和 AR^{3D} 以及 C_x^{2D} 和 C_x^{3D} 具有很好的线性关系，相关系数 R^2 大约为 0.70。从图 4.60(b)中可以看出，尽管相关系数较低($R^2 = 0.47$)，球形度 S^{2D} 和 S^{3D} 之间仍然具有明显的正相关关系。

另一方面，图 4.60(d)中的数据表明 AI_r^{2D} 和 AI_r^{3D} 的相关性较弱，其相关系数 R^2 仅为 0.16。对于二维投影轮廓来说，棱角度的计算需要以等效椭圆作为参照，等效椭圆是通过取 $N=1$ 时由傅里叶级数展开得到的。对于不同方向的投影，其等效椭圆基本不同，因此 AI_r^{2D} 会表现出较大的离散性。

综上，各个形状指标之间的相关性可以近似表示为

$$AR^{3D} = 0.83EI^{2D} + 0.17 \tag{4.79a}$$

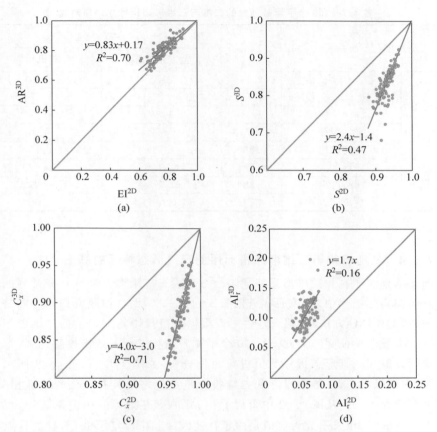

图 4.60　三维形态指标与二维形态指标的相关性分析(全方位投影)

(a) 平均轴比(细长度);(b) 球形度(圆形度);(c) 凹凸度;(d) 棱角度

$$S^{3D} = 2.4S^{2D} - 1.4 \tag{4.79b}$$

$$C_x^{3D} = 4.0C_x^{3D} - 3.0 \tag{4.79c}$$

$$\mathrm{AI}_r^{3D} = 1.7\mathrm{AI}_r^{2D} \tag{4.79d}$$

　　表 4.7 比较了 100 个平潭砂颗粒的二维和三维形状指标的平均值。对于主尺度,二维长轴长度 l_1^{2D} 的平均值略小于三维长轴长度 l_1^{3D},而二维短轴长度 l_2^{2D} 的平均值略大于三维短轴长度 l_3^{3D},二维平均粒径 d_m^{2D} 与三维平均粒径值 d_m^{3D} 非常接近。其他形态指标,三维平均轴比 AR^{3D} 和棱角度 AI_r^{3D} 的平均值大于二维对应指标 EI^{2D} 和 AI_r^{2D},但三维球度 S^{3D} 和凸度 C_x^{3D} 的平均值小于二维对应指标 S^{2D} 和 C_x^{2D}。

表 4.7　100 个平潭砂颗粒的二维与三维形态指标平均值对比

主尺度与形态指标			三维	二维	
				全方位投影	随机投影
主尺度	主轴	长轴	2.14	2.01	2.03
		次长轴	1.65	—	—
		短轴	1.41	1.53	1.53
	平均粒径		1.73	1.77	1.78
形态指标	平均轴比		0.806	0.766	0.760
	球形度		0.831	0.931	0.930
	凹凸度		0.889	0.973	0.973
	棱角度		0.106	0.061	0.062

4.5.4　从随机投影二维形态指标预测三维形态特征的算法

前文结果表明颗粒三维形态特征与全方位投影二维形态特征具有良好的相关性。然而在实际操作中,颗粒通常只拍照或扫描一次,而且拍照或扫描方向是完全随机的(如 QICPIC 方法)。那么是否可以根据随机投影轮廓评估的二维形态特征来预测三维形态特征呢? 为此,对 100 个平潭砂颗粒进行了随机投影,并将得到的二维指标数值和三维形态指标数值进行对比分析,如图 4.61 和图 4.62 所示。从图 4.61 中可以看出,三维主尺度和二维投影主尺度之间具有较强的线性相关性,其相关系数 $R^2>0$。从图 4.62 中可以看出,其他形态指标的相关系数均为负值,表明相关性很差(相关系数为负值是由于在线性回归中设定了截距,且数据点非常离散)。可见,在三维形态特征与二维形态特征的相关性方面,全方位投影比随机投影更强。然而,若求出 100 个颗粒随机投影的二维指标的平均值,并与全方位投影的结果进行对比,可以发现结果基本相同(差异小于 2%)。另外进行了 99 次随机投影测试,也得出了相同的结论。图 4.63(a)所示为 100 个独立随机投影测试中计算出的二维指标的平均值,可以看出结果没有明显的变化;而标准差也相差不大(除了 EI^{2D}),如图 4.63(b)所示。但是,从图 4.64 中的概率密度累积分布曲线可以看出,随机投影得到的结果要比全方位投影平均值的分布更广。全方位投影得到的 S^{2D} 值在 0.882～0.965 之间,而随机投影得到的 S^{2D} 值在 0.836～0.969 之间,这表明随机投影计算结果的标准差比全方位投影的标准差更大。计算 100 个随机投影二维指标标准差的平均值(用 $\bar{\sigma}_x$ 表示),并将其与全方位投影获得的标准差(用 σ_x 表示)进行比较,见表 4.8。从表中数据可以看出,主尺度的全方位投影与随机投影的标准差比值在 0.90～0.95 之间,而其他形状指标的比值在 0.57～0.69 之间。

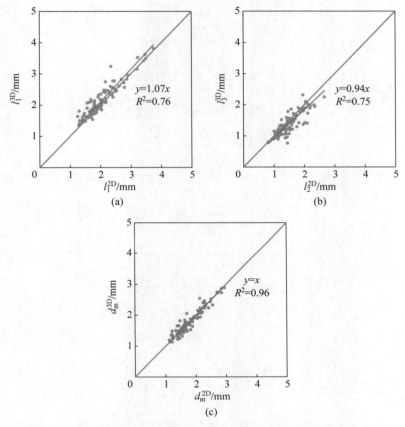

图 4.61 三维主尺度与二维主尺度的相关性分析(随机投影)

(a) 长轴长度相关性;(b) 短轴长度相关性;(c) 平均粒径相关性

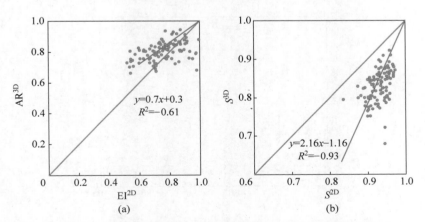

图 4.62 三维形态指标与二维形态指标的相关性分析(随机投影)

(a) 平均轴比(细长度);(b) 球形度;(c) 凹凸度;(d) 棱角度

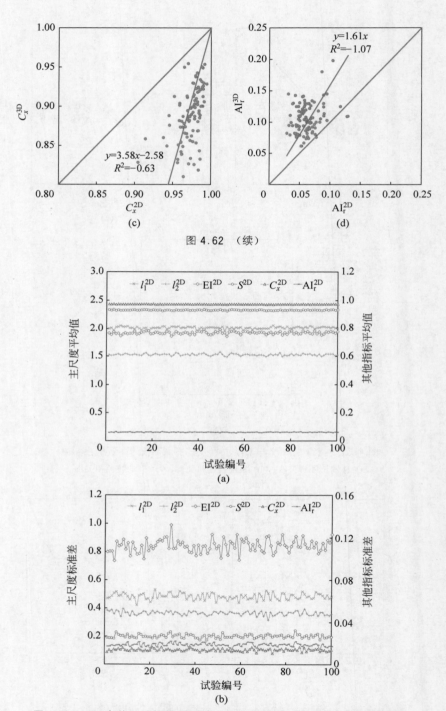

图 4.62 （续）

图 4.63 100 个独立随机投影测试下得出的各形态指标平均值与标准差

（a）平均值；（b）标准差

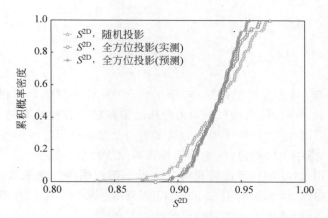

图 4.64　S^{2D} 全方位投影概率密度累积分布曲线的预测值与实测值对比

表 4.8　100 个独立随机投影测试下二维指标标准差平均值与全方位投影标准差的比较

参数		σ_x	$\bar{\sigma}_{x'}$	$\sigma_x / \bar{\sigma}_{x'}$	平均值
主尺度	长轴长度	0.452	0.483	0.94	0.93
	短轴长度	0.329	0.364	0.90	
	平均粒径	0.381	0.402	0.95	
形态指标	细长度	0.0637	0.112	0.57	0.62
	球形度	0.0176	0.0268	0.66	
	凹凸度	0.00932	0.0136	0.69	
	棱角度	0.0106	0.0185	0.57	

　　基于前面的分析结果,可通过从随机投影中获得的二维形态指标累积分布曲线来预测相应的三维形态指标累积分布曲线,其包括两个步骤:①根据随机投影分析的结果构建全方位投影的二维形态指标累积分布曲线;②根据构建的二维形态指标累积分布曲线预测三维形态指标累积分布曲线。

　　第一步假定从随机投影分析获得的二维形态指标的归一化分布与从全方位投影获得的二维形态指标的归一化分布相同,即

$$\frac{x - \mu_x}{\sigma_x} = \frac{x' - \mu_{x'}}{\sigma_{x'}} \tag{4.80a}$$

式中, x、μ_x 和 σ_x 分别为全方位投影中得到的形态指标值、指标平均值和指标标准差; x'、$\mu_{x'}$ 和 $\sigma_{x'}$ 分别为随机投影中得到的形态指标值、指标平均值和指标标准差。基于前述结果,可以假定 $\mu_x = \mu_{x'}$,故式(4.80a)可以改写为

$$x = \frac{\sigma_x}{\sigma_{x'}} x' + \left(1 - \frac{\sigma_x}{\sigma_{x'}}\right) \mu_{x'} \tag{4.80b}$$

由于不同随机投影之间的标准差基本接近,式(4.80b)中的 $\sigma_x / \sigma_{x'}$ 可以用 $\sigma_x / \bar{\sigma}_{x'}$ 代

替,即

$$x = \frac{\sigma_x}{\bar{\sigma}_{x'}} x' + \left(1 - \frac{\sigma_x}{\bar{\sigma}_{x'}}\right)\mu_{x'} \tag{4.80c}$$

根据表 4.8 可知,对于主尺度指标,$\sigma_x/\bar{\sigma}_{x'} \approx 0.93$;对于其他形态指标,$\sigma_x/\bar{\sigma}_{x'} \approx 0.62$。通过式(4.80c),可由随机投影的分析结果构建全方位投影的二维形态指标累积分布曲线。图 4.64 比较了构建的和实测的全方位投影二维形态特征(S^{2D})累积分布曲线,从图中可以看出,构建曲线与真实曲线基本一致。

第二步利用式(4.79),通过构建的二维形态指标累积分布曲线预测三维形态指标累积分布曲线,结果如图 4.65 和图 4.66 所示。从图中可以看出,预测值与测量值几乎一致,从而验证了该方法的有效性。

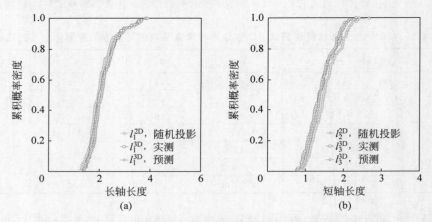

图 4.65 三维主尺度概率密度累积分布曲线的预测值与实测值对比

(a) 长轴长度;(b) 短轴长度

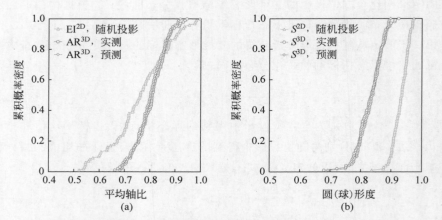

图 4.66 三维形态指标概率密度累积分布曲线的预测值与实测值对比

(a) 平均轴比;(b) 圆(球)形度;(c) 凹凸度;(d) 棱角度

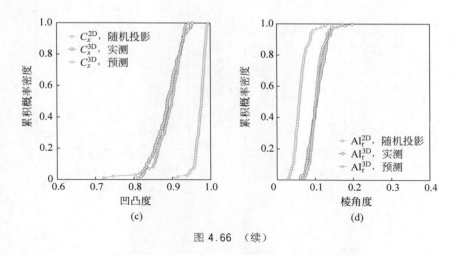

图 4.66 （续）

前面利用 100 个颗粒进行分析,为确定使用该方法时所需的最少颗粒数,分别进行了 80、60、40 和 20 个颗粒的分析,结果如图 4.67 所示。从图中可以看出,当颗粒数为 80 和 60 时,预测的累积分布曲线和实测曲线基本一致;当颗粒数降至 40 和 20 时,曲线之间具有明显的差别,但从统计角度而言,结果仍然是可以接受的。据此,取 50 个颗粒进行分析一般可以得出较合理的结果。

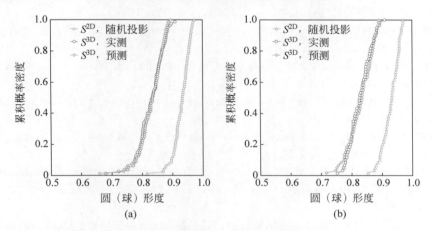

图 4.67　颗粒个数对 S^{3D} 累积概率密度曲线预测值的影响

(a) 80 个颗粒；(b) 60 个颗粒；(c) 40 个颗粒；(d) 20 个颗粒

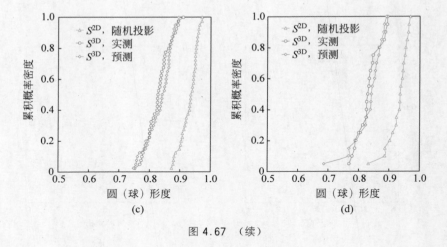

图 4.67 （续）

参 考 文 献

[1] SCHRDER-TURK G E,MICKEL W,KAPFER S C,et al. Minkowski tensors of anisotropic spatial structure[J]. New Journal of Physics,2013,15(8)：083028.

[2] LIU X,GARBOCZI E J,GRIGORIU M,et al. Spherical harmonic-based random fields based on real particle 3D data：Improved numerical algorithm and quantitative comparison to real particles[J]. Powder Technology,2011,207(1-3)：78-86.

[3] WADELL H. Volume,shape,and roundness of rock particles[J]. Journal of Geology,1932,40(5)：443-451.

[4] WADELL H. Sphericity and roundness of rock particles[J]. Journal of Geology,1933,41(3)：310-331.

[5] WADELL H. Volume,shape,and roundness of quartz particles[J]. Journal of Geology,1935,43(3)：250-280.

[6] DANIELSSON P E. Euclidean distance mapping[J]. Computer Graphics and Image Processing,1980,14(3)：227-248.

[7] GE Y,FITZPATRICK J M. On the generation of skeletons from discrete Euclidean distance maps[J]. IEEE Transactions on Pattern Analysis and Machine Intelligence,1996,18(11)：1055-1066.

[8] GARCIA X,LATHAM J P,XIANG J,et al. A clustered overlapping sphere algorithm to represent real particles in discrete element modelling[J]. Géotechnique,2009,59(9)：779-784.

[9] MASAD E. The development of a computer controlled image analysis system for measuring aggregate shape properties[R]. National Cooperative Highway Research Program NCHRP-IDEA Project 77 Final Report. Washington,DC：Transportation Research Board,National

Research Council；2003.

[10]　TUTUMLUER E，RAO C，STEFANSKI J A. Video image analysis of aggregates [R]. 2000.

[11]　MASAD E，OLCOTT D，WHITE T，et al. Correlation of fine aggregate imaging shape indices with asphalt mixture performance[J]. Transportation Research Record Journal of the Transportation Research Board,2001,1757：148-156.

[12]　AL-ROUSAN T，MASAD E，TUTUMLUER E，et al. Evaluation of image analysis techniques for quantifying aggregate shape characteristics[J]. Construction and Building Materials,2007,21(5)：978-990.

[13]　CHEN S，YANG X，YOU Z，et al. Innovation of aggregate angularity characterization using gradient approach based upon the traditional and modified Sobel operation[J]. Construction & Building Materials,2016,120：442-449.

[14]　WANG L，WANG X，MOHAMMAD L，et al. Unified method to quantify aggregate shape angularity and texture using Fourier analysis[J]. Journal of Materials in Civil Engineering, 2005,17(5)：498-504.

[15]　SU D，YAN W M. Quantication of angularity of general-shape particles by using Fourier series and a gradient-based approach[J]. Construction and Building Materials,2018,161：547-554.

[16]　ESG A，MMK B，TMAM C，et al. Roughness parameters [J]. Journal of Materials Processing Technology,2002,123(1)：133-145.

[17]　ASTM. Standard test method for particle size analysis and sand shape grading of golf course putting green and sports field rootzone mixes [J]. Annual book of ASTM Standards,2003：313-316.

[18]　POWERS M C. A new roundness scale for sedimentary particles[J]. SEPM Journal of Sedimentary Research,1953,23(2)：117-119.

[19]　KRUMBEIN W C,SLOSS L L. Stratigraphy and sedimentation[J]. Soil Science,1951, 71(5)：401.

[20]　徐明波,刘兵.公路用粗集料压碎值、洛杉矶磨耗损失和冲击值之间相关性试验研究[J]. 交通运输研究,2014(21)：98-102.

[21]　郭云龙.基于图形分析法道砟劣化研究[D].北京：北京交通大学,2016.

[22]　QIAN Y,BOLER H,MOAVENI M,et al. Characterizing ballast degradation through Los Angeles Abrasion test and image analysis[J]. Transportation Research Record,2014, 2448(1)：142-151.

[23]　GUO Y,MARKINE V,SONG J. Ballast degradation：Effect of particle size and shape using Los Angeles Abrasion test and image analysis [J]. Construction and Building Materials,2018,169：414-424.

[24]　ZHAO S,EVANS T M,ZHOU X. Three-dimensional Voronoi analysis of monodisperse ellipsoids during triaxial shear[J]. Powder Technology,2018,323：323-336.

[25]　GARBOCZI E J,BULLARD J W. 3D analytical mathematical models of random star-shape particles via a combination of X-ray computed microtomography and spherical harmonic

analysis[J]. Advanced Powder Technology,2017,28(2): 325-339.

[26] DONG C,WANG G. Curvatures estimation on triangular mesh[J]. Journal of Zhejiang University-Science A,2005,6 (1): 128-136.

[27] SURAZHSKY T,MAGID E,SOLDEA O,et al. A comparison of Gaussian and mean curvatures estimation methods on triangular meshes[C]//IEEE International Conference on Robotics & Automation. IEEE,2003.

[28] RAZDAN A, BAE M S. Curvature estimation scheme for triangle meshes using biquadratic Bézier patches[J]. Computer-Aided Design,2005,37(14): 1481-1491.

[29] GATZKE T D,GRIMM C M. Estimating curvature on triangular meshes[J]. International Journal of Shape Modeling,2006,12(1): 1-28.

[30] SU D, WANG X, WANG X. An in-depth comparative study of three-dimensional angularity indices of general-shape particles based on spherical harmonic reconstruction [J]. Powder Technology,2020,364: 1009-1024.

[31] ZHOU B,WANG J,ZHAO B. Micromorphology characterization and reconstruction of sand particles using micro X-ray tomography and spherical harmonics[J]. Engineering geology,2015,184: 126-137.

[32] SU D, YAN W M. 3D characterization of general-shape sand particles using microfocus X-ray computed tomography and spherical harmonic functions,and particle regeneration using multivariate random vector[J]. Powder Technology,2018,323: 8-23.

[33] CHEN X, SCHMITT F. Intrinsic surface properties from surface triangulation[C]// European Conference on Computer Vision. Springer,Berlin,Heidelberg,1992: 739-743.

[34] MASAD E, SAADEH S, AL-ROUSAN T, et al. Computations of particle surface characteristics using optical and X-ray CT images[J]. Computational Materials Science, 2005,34(4): 406-424.

[35] KUTAY M E,OZTURK H I,ABBAS A R,et al. Comparison of 2D and 3D image-based aggregate morphological indices[J]. International Journal of Pavement Engineering,2011, 12(4): 421-431.

[36] GARBOCZI E J,BULLARD J W. Contact function,uniform-thickness shell volume,and convexity measure for 3D star-shaped random particles[J]. Powder Technology,2013, 237: 191-201.

[37] ZINGG T. Beitrag zur Schotteranalyse[D]. ETH Zurich,1935.

[38] KOAY C G. Analytically exact spiral scheme for generating uniformly distributed points on the unit sphere[J]. Journal of Computational Science,2011,2(1): 88-91.

第 5 章　非规则颗粒随机生成

通过拍照或扫描获取的颗粒数量往往比较有限，而离散元模拟所涉及的模型通常包括巨大数量的颗粒，因而在获取一定数量非规则物理颗粒的形态之后，如何通过数学方法生成具有和真实颗粒相同形态特征的虚拟颗粒，是建立非规则颗粒模型并进行离散元模拟研究的关键一步。

5.1 二维星形颗粒随机生成

本节介绍一种基于轮廓极径傅里叶级数展开的随机二维星形颗粒生成方法，通过傅里叶系数与二维颗粒形态指标的相关性和逆蒙特卡罗方法，控制生成的二维星形颗粒的形态特征。

5.1.1 基于极径傅里叶级数展开的二维颗粒轮廓生成方法

如 3.1 节所述，星形颗粒轮廓上每个离散点的极径 r 可用傅里叶级数表示为极角（φ，$0 \leqslant \varphi < 2\pi$）的函数，即

$$r(\varphi) = \sum_{n=0}^{N} D_n \sin(n\varphi + \delta_n) \tag{5.1}$$

式中，D_n 为第 n 阶正弦波的幅值；δ_n 为第 n 阶正弦波的相位角；N 为傅里叶级数总阶数。参考前人的相关研究[1-2]，采用预设的正弦波幅值 D_n 与随机的相位角 $\varphi_n \in [-\pi, \pi]$（$\varphi_0 = \pi/2$），生成非规则颗粒轮廓。幅值 D_n 可以分为以下 5 组：①D_0；②D_1；③D_2；④$D_3 \rightarrow D_{15}$；⑤$D_{16} \rightarrow D_n$。其中，$D_0 = 1$，$D_1 = 0$；D_2 决定所生成颗粒的细长度特征；$D_3 \rightarrow D_{15}$ 决定所生成颗粒的磨圆度特征，$D_{16} \rightarrow D_n$ 决定所生成颗粒的轮廓粗糙度，可由下列公式计算得到：

$$D_n = 2^{-2\log_2 \frac{n}{3} + \log_2 D_3}, \quad 3 \leqslant n < 16 \tag{5.2}$$

$$D_n = 2^{-2\log_2 \frac{n}{16} + \log_2 D_{16}}, \quad 16 < n \leqslant N \tag{5.3}$$

可见，$D_4 \sim D_{15}$ 由 D_3 决定；$D_{17} \sim D_n$ 由 D_{16} 决定。图 5.1 所示为采用不同组合的 D_2、D_3 与 D_{16} 所生成的非规则星形颗粒轮廓。

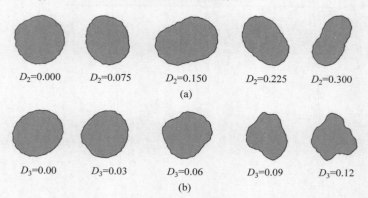

图 5.1 由不同傅里叶幅值系数所生成的二维轮廓
(a) D_2 变化，$D_3 = 0.03$，$D_{16} = 0.005$；(b) D_3 变化，$D_2 = 0.075$，$D_{16} = 0.005$；
(c) D_{16} 变化，$D_2 = 0.075$，$D_3 = 0.03$

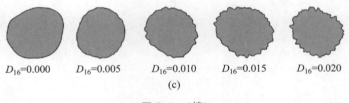

$D_{16}=0.000$ $D_{16}=0.005$ $D_{16}=0.010$ $D_{16}=0.015$ $D_{16}=0.020$

(c)

图 5.1 （续）

5.1.2 傅里叶系数与二维颗粒形态指标的相关性

为了控制所生成颗粒的形态特征,需先研究傅里叶系数与不同形态指标的相关性。因此,选取了三组（A 组、B 组和 C 组）随机颗粒,对其形态特征进行研究。每组颗粒分别基于不同傅里叶幅值系数 D_2、D_3 和 D_{16} 生成。A 组含 2000 个颗粒,幅值系数 D_2 在 0.0~0.3 之间均匀分布,D_3 和 D_{16} 分别在 $[0.0,0.1]$ 与 $[0.0,0.03]$ 范围内随机取值；B 组含 2000 个颗粒,幅值系数 D_3 在 0.0~0.1 之间均匀分布,D_2 和 D_{16} 分别在 $[0.0,0.3]$ 与 $[0.0,0.03]$ 范围内随机取值；C 组含 2000 个颗粒,幅值系数 D_{16} 在 0.0~0.03 之间均匀分布,D_2 和 D_3 分别在 $[0.0,0.3]$ 与 $[0.0,0.1]$ 范围内随机取值。分析结果[3]表明,A 组颗粒的 D_2 与颗粒细长度具有较好的相关性（相关系数 $R^2=0.67$）,而 D_3 和 D_{16} 与细长度的相关性很小（$R^2<0.1$）；B 组颗粒的 D_3 仅对磨圆度有十分显著的影响（$R^2=0.82$）,而 D_2 与 D_{16} 对磨圆度影响非常弱（$R^2<0.01$）；C 组颗粒的 D_{16} 仅与颗粒轮廓粗糙度具有非常强的相关性（$R^2=0.97$）,而 D_2 和 D_3 对轮廓粗糙度的影响可忽略不计（$R^2<0.01$）。

基于该结论,采用回归分析建立形态指标 $\mathrm{EI}^{\mathrm{gen}}$、$R_{\mathrm{d}}^{\mathrm{gen}}$、$\bar{R}_{\mathrm{a}}^{\mathrm{gen}}$ 与傅里叶幅值系数 D_2、D_3 以及 D_{16} 的数学表达式如下:

$$D_2=-0.48(\mathrm{EI}^{\mathrm{gen}})^2+0.17(\mathrm{EI}^{\mathrm{gen}})+0.33 \tag{5.4}$$

$$D_3=0.14(R_{\mathrm{d}}^{\mathrm{gen}})^2-0.40(R_{\mathrm{d}}^{\mathrm{gen}})+0.26 \tag{5.5}$$

$$D_{16}=0.8634(\bar{R}_{\mathrm{a}}^{\mathrm{gen}})+0.0002 \tag{5.6}$$

根据回归公式,可以在一定范围内控制所生成颗粒的形态特性。

为了验证回归公式的有效性,首先预先设定目标形态预期值,$\mathrm{EI}^{\mathrm{tar}}=0.6$,$R_{\mathrm{d}}^{\mathrm{tar}}=0.9$ 和 $\bar{R}_{\mathrm{a}}^{\mathrm{tar}}=0.01$,然后根据式（5.4）~式（5.6）反算出相应的傅里叶幅值系数（D_2、D_3 和 D_{16}）。依照所确定的傅里叶幅值系数随机生成 1000 个颗粒,并计算生成颗粒的形态指标（$\mathrm{EI}^{\mathrm{gen}}$、$R_{\mathrm{d}}^{\mathrm{gen}}$ 和 $\bar{R}_{\mathrm{a}}^{\mathrm{gen}}$）。最后在图 5.2 中比较指标目标值与生成颗粒的实际形态指标。如图所示,所生成颗粒形态指标的概率密度分布曲线的峰值与目标值十分接近,说明基于以上方法可以在很大概率上使所生成的颗粒形态接近目标值。从概率分布曲线形态上看，细长度 EI^{gen} 的分布最宽扁，峰值偏左移，而磨圆度 $R_{\text{d}}^{\text{gen}}$ 的分布略宽扁，峰值偏右移。粗糙度 $\overline{R}_{\text{a}}^{\text{tar}}$ 的分布最瘦长，峰值居中。

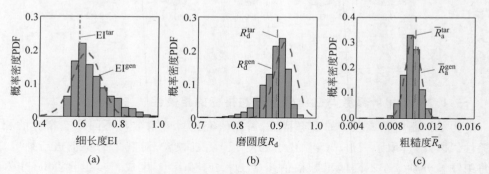

图 5.2　颗粒形态目标值与生成值结果的对比
（a）细长度；（b）磨圆度；（c）粗糙度

5.1.3　基于逆蒙特卡罗的二维颗粒形态控制

由图 5.2 可以看出，虽然生成颗粒的形态指标整体上与预期目标比较吻合，但其数据存在明显的离散性。为了减小生成颗粒形态与目标形态的误差，可采用逆蒙特卡罗法来控制生成颗粒的形态。

首先定义平均相对误差 e_{ave}^{*} 为量化生成颗粒形态与目标形态差别的指标，上角标 * 为形态指标的缩写符号，以细长度 EI 为例，其平均相对误差 $e_{\text{ave}}^{\text{EI}}$ 的计算公式如下：

$$e_{\text{ave}}^{\text{EI}} = \frac{1}{N_{\text{P}}} \sum_{i=1}^{N_{\text{P}}} e_i^{\text{EI}} \tag{5.7}$$

$$e_i^{\text{EI}} = \frac{\left| \text{EI}_i^{\text{gen}} - \text{EI}_i^{\text{tar}} \right|}{\text{EI}_i^{\text{tar}}} \tag{5.8}$$

其中，e_i^{EI} 表示第 i 个生成颗粒的细长度相对误差；EI_i^{gen} 表示第 i 个生成颗粒的细长度；EI_i^{tar} 表示第 i 个颗粒细长度的目标值；N_{P} 为颗粒的总个数。

如图 5.3 所示，可基于平均相对误差 e_{ave}^{*}，采用如下步骤进行生成颗粒形态的调整，使得生成颗粒的形态与目标形态的误差逐渐减小。

（1）定义一系列目标形态指标（EI^{tar}、$R_{\text{d}}^{\text{tar}}$ 和 $\overline{R}_{\text{a}}^{\text{gen}}$），并将目标值代入式（5.4）~式（5.6）得到生成颗粒所需要的傅里叶幅值系数（D_2、D_3 和 D_{16}）。

（2）采用前文提出的傅里叶法，并基于上一步所获取的傅里叶幅值系数（D_2、

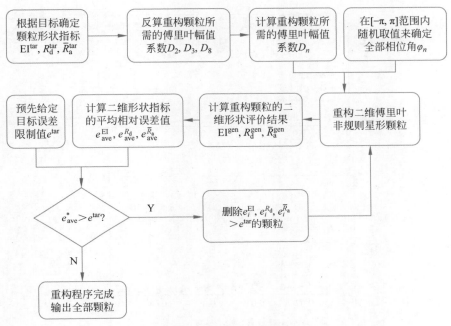

图 5.3 生成颗粒形态控制算法

D_3 和 D_{16})来生成颗粒。生成颗粒时,其他傅里叶幅值系数根据式(5.2)与式(5.3)确定,相位角在[$-\pi$,π]范围内随机取值。

(3) 采用第 4 章提出的二维颗粒形态指标评价方法对生成颗粒进行分析,得到形态指标计算结果($\mathrm{EI}^{\mathrm{gen}}$,$R_{\mathrm{d}}^{\mathrm{gen}}$ 和 $\bar{R}_{\mathrm{a}}^{\mathrm{gen}}$)。基于式(5.8),将 $\mathrm{EI}^{\mathrm{gen}}$、$R_{\mathrm{d}}^{\mathrm{gen}}$ 和 $\bar{R}_{\mathrm{a}}^{\mathrm{gen}}$ 分别与 $\mathrm{EI}^{\mathrm{tar}}$、$R_{\mathrm{d}}^{\mathrm{tar}}$ 和 $\bar{R}_{\mathrm{a}}^{\mathrm{gen}}$ 进行对比,计算每个颗粒形态指标的相对误差 e_i^{EI}、$e_i^{R_{\mathrm{d}}}$ 和 $e_i^{\bar{R}_{\mathrm{a}}}$,并根据式(5.7)计算每个形态指标的平均相对误差 $e_{\mathrm{ave}}^{\mathrm{EI}}$、$e_{\mathrm{ave}}^{R_{\mathrm{d}}}$ 和 $e_{\mathrm{ave}}^{\bar{R}_{\mathrm{a}}}$。若 $e_{\mathrm{ave}}^{\mathrm{EI}}$、$e_{\mathrm{ave}}^{R_{\mathrm{d}}}$ 和 $e_{\mathrm{ave}}^{\bar{R}_{\mathrm{a}}}$ 大于误差允许值 e^{tar},则将所有相对误差 e_i^{EI}、$e_i^{R_{\mathrm{d}}}$ 和 $e_i^{\bar{R}_{\mathrm{a}}}$ 大于 e^{tar} 的颗粒删去,并基于傅里叶方法重新生成一组颗粒。

(4) 重复步骤(3),直到 $e_{\mathrm{ave}}^{\mathrm{EI}}$、$e_{\mathrm{ave}}^{R_{\mathrm{d}}}$ 和 $e_{\mathrm{ave}}^{\bar{R}_{\mathrm{a}}}$ 小于限制值 e^{tar}。

图 5.4 所示为生成颗粒形态指标的相关系数、CPU 运行时间随 e^{tar} 的演变规律。从图中可以看出,随着 e^{tar} 减小,相关系数 R^2 显著增大,当 $e^{\mathrm{tar}}<0.03$ 时,相关系数 R^2 趋于稳定,且数值都大于 0.95。另外,在 e^{tar} 的初始减少阶段,随着 e^{tar} 减小,CPU 计算时长缓慢增长,当 $e^{\mathrm{tar}}<0.03$ 时,CPU 计算时长迅速增大。因此,兼顾精确度(相关性系数)与计算效率(CPU 计算时长),e^{tar} 可取 0.03 进行颗粒生成。

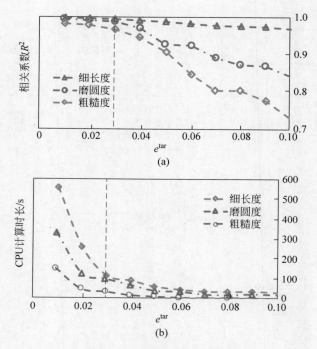

图 5.4　生成颗粒时 e^{tar} 的影响分析

（a）相关系数随 e^{tar} 的变化曲线；（b）CPU 运行时间随 e^{tar} 的演变规律

5.2　二维非星形颗粒随机生成

　　本节介绍一种基于轮廓坐标傅里叶级数展开的二维非星形虚拟颗粒生成方法，该方法考虑了一阶傅里叶系数之间的固有关系以及其他阶傅里叶系数之间的对于不同形态特征颗粒所具有的不同的经验相关性。

5.2.1　一阶傅里叶系数之间的内在关系

　　如 3.2 节所述，非星形颗粒轮廓上每个离散点的水平坐标 x 和垂直坐标 y 可用傅里叶级数表示为映射圆上极角 $\varphi'(0 \leqslant \varphi' < 2\pi)$ 的函数，即

$$x(\varphi') = a_{x0} + \sum_{n=1}^{N} \left[a_{xn}\cos(n\varphi') + b_{xn}\sin(n\varphi') \right] \tag{5.9a}$$

$$y(\varphi') = a_{y0} + \sum_{n=1}^{N} \left[a_{yn}\cos(n\varphi') + b_{yn}\sin(n\varphi') \right] \tag{5.9b}$$

式中，a_{x0}、a_{y0}、a_{xn}、a_{yn}、b_{xn}、b_{yn} 为傅里叶系数。

当利用一阶傅里叶级数（$N=1$）生成随机颗粒时，有

$$x(\varphi') = a_{x1}\cos\varphi' + b_{x1}\sin\varphi' \qquad (5.10a)$$

$$y(\varphi') = a_{y1}\cos\varphi' + b_{y1}\sin\varphi' \qquad (5.10b)$$

由于一阶傅里叶级数生成的颗粒轮廓为一个椭圆[4]。假设椭圆的半长轴和半短轴分别为 a_1 和 b_1，则轮廓上任意点的坐标应满足：

$$\left[\frac{x(\varphi')}{a_1}\right]^2 + \left[\frac{y(\varphi')}{b_1}\right]^2 = 1 \qquad (5.11)$$

将 $\varphi'=0°$ 和 90°分别代入式（5.10）和式（5.11）得

$$\left(\frac{a_{x1}}{a_1}\right)^2 + \left(\frac{a_{y1}}{b_1}\right)^2 = 1 \qquad (5.12a)$$

$$\left(\frac{b_{x1}}{a_1}\right)^2 + \left(\frac{b_{y1}}{b_1}\right)^2 = 1 \qquad (5.12b)$$

另一方面，式（5.10a）和式（5.10b）的最大值分别为 a_1 和 b_1，即

$$a_1 = \sqrt{a_{x1}^2 + b_{x1}^2} \qquad (5.13a)$$

$$b_1 = \sqrt{a_{y1}^2 + b_{y1}^2} \qquad (5.13b)$$

在式（5.12a）、式（5.12b）、式（5.13a）和式（5.13b）中只有三个方程是独立的，因此一阶傅里叶系数 a_{x1}、b_{x1}、a_{y1}、b_{y1} 以及 a_1、b_1 之间通过三个独立的方程相互关联。

5.2.2　随机傅里叶系数的生成

为了生成与真实颗粒形态特征一致的虚拟颗粒，需考虑描述颗粒的傅里叶系数的内在相关性。采用以下 3 个步骤进行分析：①考虑一阶傅里叶系数的固有关系构造傅里叶系数矩阵，并根据累积概率密度分布函数（CDF）的等价性进行标准化；②对标准化系数矩阵进行主成分分析（PCA）；③根据累积概率密度分布函数（CDF）的等价性反算出傅里叶系数随机向量。

由于一阶傅里叶系数 a_{x1}、b_{x1}、a_{y1}、b_{y1} 以及 a_1、b_1 之间通过 3 个独立的方程相互关联，因此在颗粒生成过程中，只能将其中 3 个系数（如 a_1、b_1、a_{x1}）视为随机变量，系数生成后再求解另外 3 个系数（如 b_{x1}、a_{y1}、b_{y1}）。此外，通常可令 $a_{x0}=a_{y0}=0$（将颗粒中心移至坐标原点），因此，在进行颗粒傅里叶系数特征分析时，所集成的系数矩阵 c_k 包含 49 列：

$$c_k = [a_{1,k}, b_{1,k}, a_{x1,k}, \cdots, a_{x25,k}, b_{x2,k}, \cdots, b_{x25,k}, a_{y2,k} \cdots, a_{y25,k}, b_{y2,k}, \cdots, b_{y25,k}]$$

$$(5.14)$$

式中，k 代表第 k 个颗粒。如分析的颗粒有 100 个，则系数矩阵 c 的维度为 100×49。

图 5.5 为对 100 个平潭砂颗粒（参见 4.2.5 节）的二维轮廓进行分析后得到的系数统计结果，可见，大多数系数的实际分布并不服从高斯分布，故在对系数矩阵 c 进行主成分分析之前须对其进行标准化处理，该标准化过程主要通过在实际系数的累积概率密度分布和正态分布函数的累积概率密度分布之间的映射实现。为此，首先计算各系数的实际概率密度分布（ECDF），如图 5.6 所示（以系数 a_1 为例）；然后将 ECDF 上的每个点映射到标准正态分布的累积概率密度分布曲线 CDF 上（根据累积密度相等的原则进行映射，例如将图 5.6 中 A 点映射到 A' 点）。最后，将系数矩阵 c 中与 A 点相对应的系数替换为映射点的水平坐标，新矩阵用符号 $\hat{c}$ 表示，$\hat{c}$ 中的系数遵循标准正态分布。

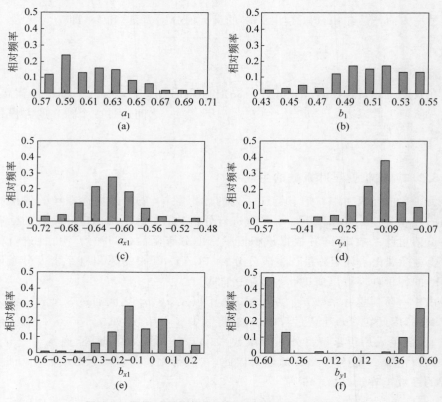

图 5.5 平潭砂颗粒傅里叶系数概率密度分布直方图

(a) a_1；(b) b_1；(c) a_{x1}；(d) a_{y1}；(e) b_{x1}；(f) b_{y1}

接下来对矩阵$\hat{c}$进行主成分分析,求出特征向量$\boldsymbol{p}_i$($i=1,2,3,\cdots,l$,其中l为主成分个数)和协方差矩阵的特征值λ_i。基于$\boldsymbol{p}_i$和λ_i,可按下式生成随机标准化系数矩阵:

$$\bar{\boldsymbol{c}}_i = \sum_{j=1}^{l} \alpha_{ij} \sqrt{\lambda_j} \, \boldsymbol{p}_j \qquad (5.15)$$

式中,α_{ij}为满足标准正态分布的随机实数。

最后,将生成的标准化系数转换为傅里叶系数。首先确定所生成的各项系数对应的累积概率及在 CDF 的位置,如图 5.6 中的 B' 点;然后根据累积密度相等的原则,将该点映射到 ECDF 上(例如图 5.6 中从 B' 点映射到 B 点),ECDF 上映射点的水平坐标即为傅里叶系数。将所有标准化系数转换为傅里叶系数之后,可根据式(5.12)和式(5.13)求解出另外 3 个系数(如 b_{x1}、a_{y1} 和 b_{y1})。

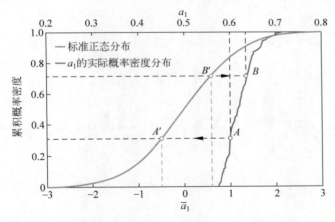

图 5.6　实际系数的累积概率密度分布和正态分布函数的
累积概率密度分布之间的映射实现

为验证上述方法的有效性,针对平潭砂颗粒一共生成了 500 个虚拟颗粒,其傅里叶系数中的 a_1、b_1、a_{x1}、a_{y1}、b_{x1} 和 b_{y1} 的概率密度分布直方图如图 5.7 所示,其分布特征与图 5.5 所示原颗粒傅里叶系数的分布特征一致,如系数 b_{y1} 也表现出两端高、中间低的特征。此外,对虚拟颗粒的形态指标也进行了计算分析,结果如图 5.8 所示,通过对比图 5.8 和图 4.24 可以发现,虚拟颗粒的形态特征和真实颗粒的基本一致。

5.2.3　控制细长度的颗粒生成

定义各阶傅里叶系数的幅值为

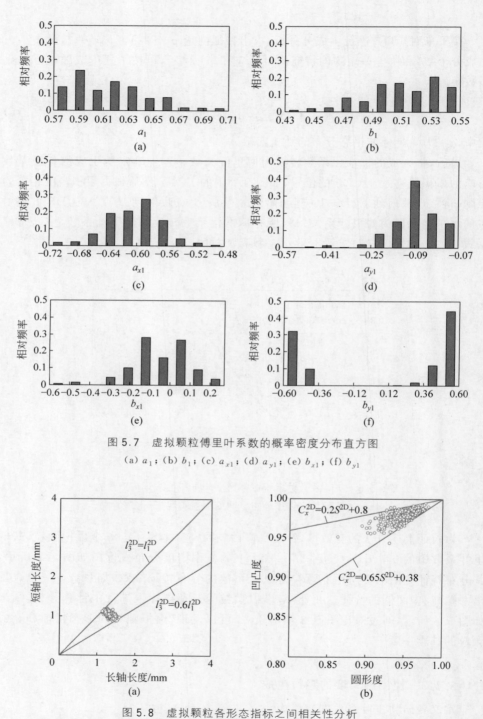

图 5.7 虚拟颗粒傅里叶系数的概率密度分布直方图

(a) a_1；(b) b_1；(c) a_{x1}；(d) a_{y1}；(e) b_{x1}；(f) b_{y1}

图 5.8 虚拟颗粒各形态指标之间相关性分析

(a) 短轴长度与长轴长度；(b) 凹凸度与圆形度；(c) 棱角度与圆形度；(d) 棱角度与凹凸度

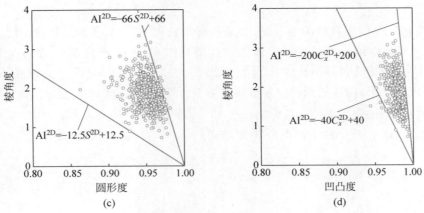

图 5.8 （续）

$$D_{xn} = \sqrt{a_{xn}^2 + b_{xn}^2} \qquad (5.16\text{a})$$

$$D_{yn} = \sqrt{a_{yn}^2 + b_{yn}^2} \qquad (5.16\text{b})$$

分析 100 个平潭砂颗粒二维轮廓的傅里叶系数的幅值发现，第一阶$(n=1)y$ 方向和 x 方向的系数幅值之比 D_{y1}/D_{x1} 和颗粒的细长度 EI^{2D} 具有高度的线性相关性，如图 5.9 所示。因此可通过控制系数幅值之比来控制生成颗粒的细长度。在按照 5.2.2 节所述步骤生成随机傅里叶系数后，先计算出生成颗粒的细长度 $\text{EI}^{2D}_{\text{gen}}$，再按以下方式修正系数 a_{yn} 和 b_{yn}：

$$(a_{yn})_{i+1} = \frac{\text{EI}^{2D}_{\text{tar}}}{\text{EI}^{2D}_{\text{gen}}}(a_{yn})_i \qquad (5.17\text{a})$$

$$(b_{yn})_{i+1} = \frac{\text{EI}^{2D}_{\text{tar}}}{\text{EI}^{2D}_{\text{gen}}}(b_{yn})_i \qquad (5.17\text{b})$$

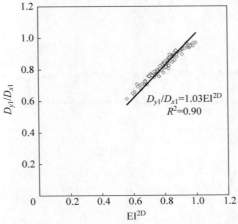

图 5.9 D_{y1}/D_{x1} 与细长度之间的相关性分析

然后重新计算生成颗粒的细长度,如果目标细长度 EI_{tar}^{2D} 与实测细长度 EI_{gen}^{2D} 之间的误差在允许值以内,则停止修正;否则持续修正系数直至误差满足要求。图 5.10 所示为将目标细长度 EI_{tar}^{2D} 设置为 0.2、0.4、0.6、0.8 和 1.0 生成的 5 组颗粒(每组 100 个)的样例颗粒。各组颗粒的 D_{y1}/D_{x1} 之比如图 5.11 所示。从图中可以看出,该比值非常接近目标细长度 EI_{tar}^{2D},对于 $EI_{tar}^{2D}=0.2,0.4,0.6,0.8$ 和 1.0 的颗粒组,D_{y1}/D_{x1} 的平均值分别为 0.198、0.396、0.591、0.795 和 0.975。

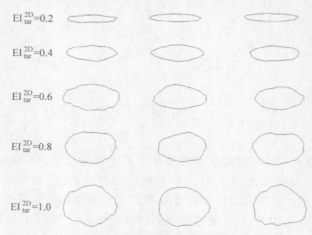

图 5.10　控制细长度的虚拟颗粒生成

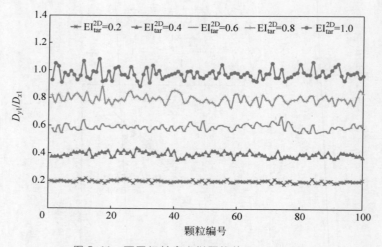

图 5.11　不同细长度虚拟颗粒的 D_{y1}/D_{x1} 值

5.2.4　傅里叶总阶数 N 对生成颗粒形态的影响

随着傅里叶总阶数 N 的增加,生成颗粒的形态会逐渐接近真实颗粒的形态[4]。但是,傅里叶系数的总个数也会增加,从而带来更大的计算量,特别是在颗粒数量比较多的情况下。因此,在满足一定要求的条件下,尽量使用较低阶数的傅里叶级数进行颗粒生成具有重要意义。

为揭示傅里叶总阶数 N 对生成颗粒形态指标的影响,分别取 $N=3,5,10$ 和 15 进行颗粒生成,并计算虚拟颗粒的各项指标,所得结果如图 5.12 和图 5.13 所示。图 5.12 表明,长轴长度 l_1^{2D} 随着 N 的增大而增大。当 N 分别等于 3、5、10、15 和 25 时,对应于 0.5 累积概率密度的 l_1^{2D} 分别为 1.262mm、1.275mm、1.289mm、1.293mm 和 1.295mm,l_2^{2D} 分别为 1.025mm、1.040mm、1.050mm、1.054mm 和 1.059mm,两个尺寸指标之间的差异在 3.5% 以内。

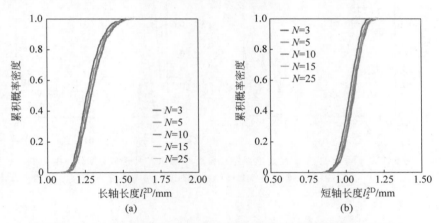

图 5.12　傅里叶总阶数 N 对虚拟颗粒主尺度累积概率密度分布的影响
(a) 长轴长度;(b) 短轴长度

图 5.13(a)表明,N 对细长度的累积分布函数的影响甚微。可见,如果生成颗粒时的主要目的是控制颗粒尺寸和细长度指标,则可以采用较低阶的傅里叶级数。然而,N 对其他形态指标的影响较大。如图 5.13(b)、(c)和(d)所示,随着 N 的减小,颗粒的圆形度和凹凸度变大,而棱角度变小。这是因为使用低阶傅里叶级数生成的颗粒更加圆润[4]。在三个形态指标中,棱角度对 N 的变化最为敏感。由于棱角度是影响建筑材料的咬合和剪胀特性的重要因素,因此当以模拟颗粒力学行为和机理为主要目的时,应当采用高阶的傅里叶级数进行颗粒生成。

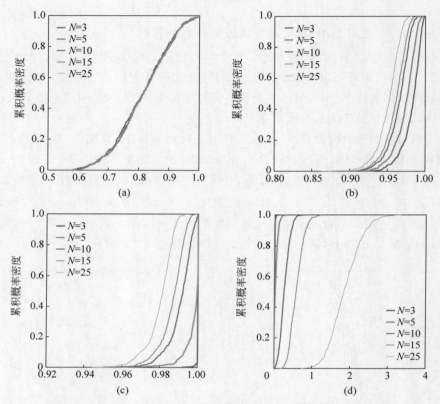

图 5.13 傅里叶总阶数 N 对虚拟颗粒各形态指标累积概率密度分布的影响

(a) 细长度；(b) 圆形度；(c) 凹凸度；(d) 棱角度

5.3 三维星形颗粒随机生成

5.3.1 基于极径球谐函数展开的三维颗粒生成

如前所述，三维星形颗粒的表面形态可用极径函数 $r=r(\theta,\varphi)$ 表示，其可展开为一系列不同阶数的球谐正交基函数的线性组合，即

$$r(\theta,\varphi)=\sum_{n=0}^{N}\sum_{m=-n}^{N}a_n^m Y_n^m(\theta,\varphi) \tag{5.18}$$

式中，N 为所用球谐基函数的总阶数；$Y_n^m(\theta,\varphi)$ 表示阶数为 n、次数为 m 的球谐基函数；a_n^m 为球谐基函数 $Y_n^m(\theta,\varphi)$ 对应的系数，第 n 阶球谐系数 a_n^m 的总数为 $(n+1)^2$。第 n 阶球谐波的总幅值 A_n 计算公式如下：

$$A_n = \sqrt{\sum_{m=-n}^{n} (a_n^m)^2} \tag{5.19}$$

可通过控制球谐波幅值 A_n 来生成形态可控的三维非规则颗粒[5-6]。

将球谐波幅值分为以下几类：①A_0；②A_1；③A_2；④$A_3 \rightarrow A_{15}$；⑤$A_{16} \rightarrow A_N$。首先令 $A_0 = 1.0$ 以确保所生成的颗粒体积相同，令 $A_1 = 0$ 以确保颗粒的中心位置为坐标原点。A_2 与颗粒的长细比和扁平度等形态特征密切相关，对应 5 个二阶球谐基函数的系数，即

$$A_2 = \sqrt{(a_2^{-2})^2 + (a_2^{-1})^2 + (a_2^0)^2 + (a_2^1)^2 + (a_2^2)^2} \tag{5.20}$$

此外，$A_3 \rightarrow A_{15}$ 与颗粒的棱角特征相关，$A_{16} \rightarrow A_N$ 与颗粒表面的粗糙度特征相关。根据已有研究[5]可知，$A_4 \sim A_{15}$ 与 A_3 之间符合如下关系：

$$A_n = A_3 \left(\frac{n}{3}\right)^\alpha, \quad 3 \leqslant n \leqslant 15 \tag{5.21}$$

$A_{17} \sim A_N$ 与 A_{16} 之间符合如下关系：

$$A_n = A_{16} \left(\frac{n}{16}\right)^\beta, \quad 16 \leqslant n \leqslant N \tag{5.22}$$

式中，α、β 分别为当 $3 \leqslant n \leqslant 15$ 与 $16 \leqslant n \leqslant N$ 时，A_n 与 n 在双对数坐标系下的斜率，根据文献[6]，可取 $\alpha = \beta = -1.5$。

在给定第 n 阶球谐基底函数总幅值 A_n 的条件下，基于以下步骤来确定第 n 阶基底函数中第 m 项系数 a_n^m：

（1）对给定的任意阶数 n，依据式（5.18），确定其对应的基底函数系数矩阵 $[a_n^{-n}, \cdots, a_n^{-m}, \cdots, a_n^0, \cdots, a_n^m, \cdots, a_n^n]$，该矩阵中的 $2n+1$ 个系数需要通过预设的第 n 阶球谐基底函数总幅值 A_n 来确定。

（2）生成一个与（1）中基底函数系数矩阵对应的含 $2n+1$ 个随机数的新矩阵 $[a_n^{-n*}, \cdots, a_n^{-m*}, \cdots, a_n^{0*}, \cdots, a_n^{m*}, \cdots, a_n^{n*}]$。其中，该新矩阵中的每一项都为满足 $a_n^{m*} \in [-1,1]$ 的随机数。

（3）计算所生成的新矩阵的总幅值 A_n^*，其计算公式如下：

$$A_n^* = \sqrt{\sum_{m=-n}^{n} (a_n^{m*})^2} \tag{5.23}$$

（4）计算缩放系数 κ_n，其计算公式如下：

$$\kappa_n = \frac{A_n}{A_n^*} \tag{5.24}$$

（5）基于缩放系数 κ_n 与随机数矩阵 $[a_n^{-n*}, \cdots, a_n^{-m*}, \cdots, a_n^{0*}, \cdots, a_n^{m*}, \cdots, a_n^{n*}]$，可以计算出满足总幅值为 A_n 的系数矩阵 $[a_n^{-n}, \cdots, a_n^{-m}, \cdots, a_n^0, \cdots, a_n^m, \cdots,$

a_n^n],其第 n 阶第 m 项系数 a_n^m 的计算公式如下:

$$a_n^m = \kappa_n a_n^{m*} \tag{5.25}$$

基于该方法,可以确定所有阶数的各项球谐系数 a_n^m,将这些系数代入式(5.18),则可以确定不同极角 θ 与方位角 φ 对应的极半径 $r(\theta,\varphi)$,从而构造出三维非规则星形颗粒。图 5.14 依次展示了三组采用不同的 A_2、A_3、A_{16} 所生成的三维非规则星形颗粒的几何形貌。第一组颗粒,A_2 变化,$A_3 = 0.03$,$A_{16} = 0.005$,得到磨圆度与粗糙度基本不变,而细长度和扁平度变化的颗粒。第二组颗粒,A_3 变化,$A_2 = 0$,$A_{16} = 0.005$,得到细长度、扁平度与粗糙度基本不变,磨圆度定量变化的颗粒。第三组颗粒,A_{16} 变化,$A_2 = 0$,$A_3 = 0.03$,得到细长度、扁平度与磨圆度基本不变,粗糙度变化的颗粒。

$A_2=0.00 \qquad A_2=0.05 \qquad A_2=0.10 \qquad A_2=0.15 \qquad A_2=0.20$

(a)

$A_3=0.02 \qquad A_3=0.04 \qquad A_3=0.06 \qquad A_3=0.08 \qquad A_3=0.10$

(b)

$A_{16}=0.000 \qquad A_{16}=0.004 \qquad A_{16}=0.008 \qquad A_{16}=0.012 \qquad A_{16}=0.016$

(c)

图 5.14 采用不同球谐系数 A_2,A_3 以及 A_{16} 生成的三维非规则星形颗粒

(a) A_2 变化,$A_3 = 0.03$,$A_{16} = 0.005$;(b) A_3 变化,$A_2 = 0$,$A_{16} = 0.005$;(c) A_{16} 变化,$A_2 = 0$,$A_3 = 0.03$

由图 5.14 可以看出,控制 A_2、A_3 以及 A_{16} 值,能在一定程度上控制生成颗粒的总体形态特征,但要定量地控制生成颗粒的形态指标,需进一步研究球谐系数与颗粒三维形态指标之间的相关性。

5.3.2 球谐系数与三维颗粒形态指标的相关性

为了确定 A_2 对应的球谐系数与所生成颗粒总体形态特征的关系,分别生成不同长细比($EI_0 = 0.6 \sim 1.0$)与扁平度($FI_0 = 0.6 \sim 1.0$)的椭球,且令椭球颗粒的长轴方向为 x 轴正方向,次长轴方向为 y 轴正方向,短轴方向为 z 轴正方向。随后采用球谐函数展开,求得其 $N = 2$ 阶球谐基的各项系数,结果如图 5.15 所示。从图中可以看出,仅 a_2^0、a_2^2 与椭球的长细比和扁平度相关,a_2^0 的取值范围是 $[-0.5,0]$,a_2^2 的取值范围是 $[0,0.4]$,其他系数 a_2^{-2}、a_2^{-1}、a_2^1 都几乎等于 0。根据以上数据结果,可基于非线性回归分析建立 a_2^0、a_2^2 与 EI_0、FI_0 的经验关系式,结果如下:

$$a_2^0 = k_1\mathrm{EI}_0^3 + k_2\mathrm{EI}_0^2\mathrm{FI}_0 + k_3\mathrm{EI}_0\mathrm{FI}_0^2 + k_4\mathrm{FI}_0^3 + k_5\mathrm{EI}_0^2 +$$
$$k_6\mathrm{EI}_0\mathrm{FI}_0 + k_7\mathrm{FI}_0^2 + k_8\mathrm{EI}_0 + k_9\mathrm{FI}_0 + k_{10} \tag{5.26}$$

$$a_2^2 = k_1\mathrm{EI}_0^3 + k_2\mathrm{EI}_0^2\mathrm{FI}_0 + k_3\mathrm{EI}_0\mathrm{FI}_0^2 + k_4\mathrm{FI}_0^3 + k_5\mathrm{EI}_0^2 +$$
$$k_6\mathrm{EI}_0\mathrm{FI}_0 + k_7\mathrm{FI}_0^2 + k_8\mathrm{EI}_0 + k_9\mathrm{FI}_0 + k_{10} \tag{5.27}$$

其中,回归系数的结果如表 5.1 所示。因此,基于以上两个非线性回归公式,可以根据指定的 EI_0、FI_0 确定球谐系数 a_2^0、a_2^2,进而采用 a_2^0、a_2^2 进行颗粒生成。

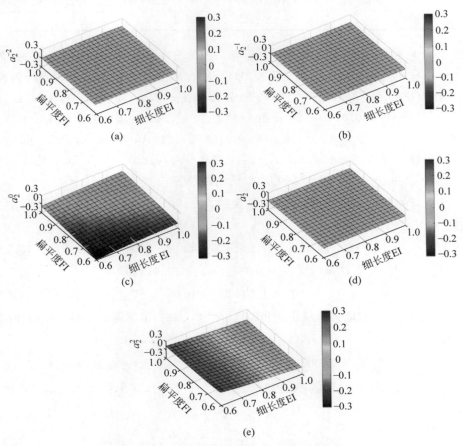

图 5.15 2 阶球谐系数随细长度与扁平度的变化规律

(a) a_2^{-2}; (b) a_2^{-1}; (c) a_2^0; (d) a_2^1; (e) a_2^2

表 5.1 a_2^0 与 a_2^2 的回归系数

回归系数	a_2^0	a_2^2
k_1	0.3831	-0.8004
k_2	0.4299	-0.3769
k_3	0.4569	-0.3523
k_4	0.6548	-0.1237
k_5	-1.5492	2.8077
k_6	-1.6886	1.3563
k_7	-2.4093	0.6781
k_8	2.4920	-3.8596
k_9	3.5251	-1.2751
k_{10}	-2.2935	1.9448

采用上述方法生成四组随机颗粒。第一组为 EI_0 在 $[0.6,1.0]$ 之间均匀分布，FI_0、A_3、A_{16} 分别在 $[0.6,1.0]$、$[0.0,0.1]$ 及 $[0.0,0.016]$ 之间随机取值的颗粒。第二组为 FI_0 在 $[0.6,1.0]$ 之间均匀分布，EI_0、A_3、A_{16} 分别在 $[0.6,1.0]$、$[0.0,0.1]$ 及 $[0.0,0.016]$ 之间随机取值的颗粒。第三组为 EI_0、FI_0、A_{16} 在 $[0.6,1.0]$、$[0.6,1.0]$ 及 $[0.0,0.016]$ 之间随机取值，A_3 在 $[0.0,0.1]$ 之间均匀取值的颗粒。第四组为 EI_0、FI_0、A_3 在 $[0.6,1.0]$、$[0.6,1.0]$、$[0.0,0.1]$ 之间随机取值，A_{16} 在 $[0.0,0.016]$ 之间均匀取值的颗粒。

对生成的颗粒采用回归分析，结果表明，EI_0 与 EI^{gen} 呈正比例的线性相关关系$(R^2=0.93)$，且满足

$$EI_0 = 1.06EI^{gen} - 0.07 \tag{5.28}$$

FI_0 与 FI^{gen} 呈正比例的线性相关关系$(R^2=0.91)$，且满足

$$FI_0 = 1.04FI^{gen} - 0.05 \tag{5.29}$$

A_3 与 R_d^{gen} 具有很强的反比例相关性$(R^2=0.86)$，但其函数关系是非线性的，且满足：

$$A_3 = -0.39R_d^{gen^3} + 1.01R_d^{gen^2} - 0.91R_d^{gen} + 0.28 \tag{5.30}$$

A_{16} 与 $\bar{S}_a^{gen}$ 具有很强的正比例相关性$(R^2=0.99)$，其函数关系也呈非线性，满足

$$A_{16} = 12.03\bar{S}_a^{gen^2} - 0.67\bar{S}_a^{gen} \tag{5.31}$$

5.3.3　三维非规则星形颗粒形态控制与生成示例

对于三维非规则星形颗粒,同样可以采用逆蒙特卡罗算法对其形态进行精细控制,其基本步骤如下:

(1) 确定目标颗粒的三维形态特征($\mathrm{EI^{tar}}$、$\mathrm{FI^{tar}}$、$R_\mathrm{d}^\mathrm{tar}$ 和 $\bar{S}_\mathrm{a}^\mathrm{tar}$),并将目标值代入式(5.28)~式(5.31),确定生成颗粒时所采用的参数 (EI_0、FI_0 和 A_3、A_{16})。

(2) 将 EI_0 和 FI_0 代入式(5.26)和式(5.27)得到对应的球谐系数 a_2^0 和 a_2^2。将 A_3 和 A_{16} 代入式(5.21)~式(5.22)确定 $A_4 \sim A_{15}$ 与 $A_{17} \sim A_N$。将 $A_3 \sim A_N$ 代入式(5.23)~式(5.25)确定生成颗粒所需的所有球谐系数 a_n^m,随后将所求得的球谐系数 a_n^m 代入式(5.18),计算所生成颗粒在球坐标系下的表面点云坐标集(r,θ,φ)。

(3) 采用第 3 章提出的三维形态指标评价方法对生成颗粒进行分析,得到一系列颗粒形态评价结果($\mathrm{EI^{gen}}$、$\mathrm{FI^{gen}}$、$R_\mathrm{d}^\mathrm{gen}$ 和 $\bar{S}_\mathrm{a}^\mathrm{gen}$)。基于式(5.8)计算每个颗粒的形态指标相对误差 e_i^EI、e_i^FI、$e_i^{R_\mathrm{d}}$ 和 $e_i^{\bar{S}_\mathrm{a}}$,并基于式(5.7)计算每个形态指标的平均相对误差 $e_\mathrm{ave}^\mathrm{EI}$、$e_\mathrm{ave}^\mathrm{FI}$、$e_\mathrm{ave}^{R_\mathrm{d}}$ 和 $e_\mathrm{ave}^{\bar{S}_\mathrm{a}}$。若 $e_\mathrm{ave}^\mathrm{EI}$、$e_\mathrm{ave}^\mathrm{FI}$、$e_\mathrm{ave}^{R_\mathrm{d}}$ 和 $e_\mathrm{ave}^{\bar{S}_\mathrm{a}}$ 大于目标限制值 e^tar,则将所有相对误差 e_i^EI、$e_i^{R_\mathrm{d}}$ 和 $e_i^{\bar{S}_\mathrm{a}}$ 大于 e^tar 的颗粒删去,并基于第(2)步生成新的颗粒。

(4) 重复步骤(3),直到 $e_\mathrm{ave}^\mathrm{EI}$、$e_\mathrm{ave}^\mathrm{FI}$、$e_\mathrm{ave}^{R_\mathrm{d}}$ 和 $e_\mathrm{ave}^{\bar{S}_\mathrm{a}}$ 小于限制值 e^tar。

为了验证逆蒙特卡罗算法对所生成的三维颗粒形态进行精确控制的有效性,首先设定 1000 个目标形态预期值($\mathrm{EI^{tar}}$、$\mathrm{FI^{tar}}$、$R_\mathrm{d}^\mathrm{tar}$ 和 $\bar{S}_\mathrm{a}^\mathrm{tar}$)。然后,根据式(5.18)~式(5.21)反算出相应的球谐系数(a_2^0、a_2^2、A_3 和 A_{16})。依照所确定的球谐系数生成颗粒,并计算得到每组颗粒的形态指标 $\mathrm{EI^{gen}}$、$\mathrm{FI^{gen}}$、$R_\mathrm{d}^\mathrm{gen}$ 和 $\bar{S}_\mathrm{a}^\mathrm{gen}$。

基于以上算法,可以随机生成大量与目标真实颗粒形态特性相似的三维复杂颗粒模型。为了进一步验证算法的适用性,使用了两组颗粒生成算例。第一组为不同细长度与扁平度的类卵石颗粒,在生成颗粒时,细长度与扁平度变化,目标值分别取 0.7、0.8、0.9、1.0,而磨圆度和粗糙度不变,目标值分别取 0.5 与 0.002。第二组为不同磨圆度与粗糙度的类球状颗粒,在生成颗粒时,细长度与扁平度不变,都取 1.0,而磨圆度和粗糙度变化,分别取 0.30、0.45、0.60、0.75 和 0.000、0.004、0.008、0.012,所生成的三维虚拟颗粒见图 5.16。可见,上述算法基本实现了对三维生成颗粒形态的控制。

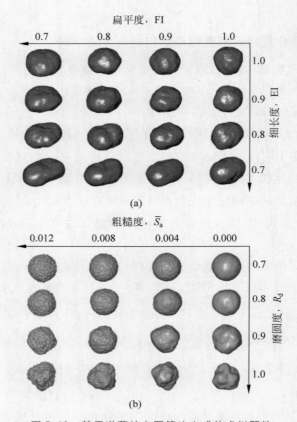

图 5.16 基于逆蒙特卡罗算法生成的虚拟颗粒

（a）不同细长度与扁平度的类卵石颗粒；（b）不同磨圆度与粗糙度的类球状颗粒

5.4 三维非星形颗粒随机生成

本节介绍一种基于坐标球谐函数展开的三维非星形虚拟颗粒生成方法，该方法可考虑一阶球谐系数之间的固有关系以及其他系数之间的关系对于颗粒形态特征的影响。

5.4.1 一阶球谐系数之间的内在关系

如 3.4 节介绍，非星形颗粒表面任何一点的三个坐标分量 $x(\theta,\varphi)$、$y(\theta,\varphi)$ 和 $z(\theta,\varphi)$ 可分别进行球谐函数展开，即

$$x(\theta,\varphi) = \sum_{n=0}^{\infty} \sum_{m=-n}^{n} c_{xn}^{m} Y_{n}^{m}(\theta,\varphi) \qquad (5.32a)$$

$$y(\theta,\varphi) = \sum_{n=0}^{\infty} \sum_{m=-n}^{n} c_{yn}^{m} Y_{n}^{m}(\theta,\varphi) \qquad (5.32b)$$

$$z(\theta,\varphi) = \sum_{n=0}^{\infty} \sum_{m=-n}^{n} c_{zn}^{m} Y_{n}^{m}(\theta,\varphi) \qquad (5.32c)$$

式中，c_{xn}^{m}、c_{yn}^{m} 和 c_{zn}^{m} 分别为 x 坐标、y 坐标和 z 坐标对应的球谐系数；$Y_{n}^{m}(\theta,\varphi)$ 为阶数为 n、次数为 m 的球谐基函数。对于一阶球谐函数展开，有

$$x(\theta,\varphi) = \sum_{m=-1}^{1} c_{x1}^{m} Y_{1}^{m}(\theta,\varphi) \qquad (5.33a)$$

$$y(\theta,\varphi) = \sum_{m=-1}^{1} c_{y1}^{m} Y_{1}^{m}(\theta,\varphi) \qquad (5.33b)$$

$$z(\theta,\varphi) = \sum_{m=-1}^{1} c_{z1}^{m} Y_{1}^{m}(\theta,\varphi) \qquad (5.33c)$$

其中：

$$Y_{1}^{-1}(\theta,\varphi) = \frac{1}{2}\sqrt{\frac{3}{2\pi}}\sin\theta\sin\varphi \qquad (5.34a)$$

$$Y_{1}^{0}(\theta,\varphi) = \frac{1}{2}\sqrt{\frac{3}{\pi}}\cos\theta \qquad (5.34b)$$

$$Y_{1}^{1}(\theta,\varphi) = \frac{1}{2}\sqrt{\frac{3}{2\pi}}\sin\theta\cos\varphi \qquad (5.34c)$$

如图 3.10 所示，一级球谐函数展开所重构的颗粒为一个椭球体。假设椭球的长轴、中轴和短轴长度分别为 a_1、b_1 和 c_1，则椭球曲面上任意点的坐标都应满足

$$\left[\frac{x(\theta,\varphi)}{a_1/2}\right]^2 + \left[\frac{y(\theta,\varphi)}{b_1/2}\right]^2 + \left[\frac{z(\theta,\varphi)}{c_1/2}\right]^2 = 1 \qquad (5.35)$$

将对应球坐标 (θ,φ) 为 $(90°,90°)$、$(0°,0°)$ 和 $(90°,0°)$ 的三个点代入式(5.33)和式(5.35)中，得

$$\left(\frac{c_{x1}^{-1}}{a_1/2}\right)^2 + \left(\frac{c_{y1}^{-1}}{b_1/2}\right)^2 + \left(\frac{c_{z1}^{-1}}{c_1/2}\right)^2 = \frac{8\pi}{3} \qquad (5.36a)$$

$$\left(\frac{c_{x1}^{0}}{a_1/2}\right)^2 + \left(\frac{c_{y1}^{0}}{b_1/2}\right)^2 + \left(\frac{c_{z1}^{0}}{c_1/2}\right)^2 = \frac{4\pi}{3} \qquad (5.36b)$$

$$\left(\frac{c_{x1}^{1}}{a_1/2}\right)^2 + \left(\frac{c_{y1}^{1}}{b_1/2}\right)^2 + \left(\frac{c_{z1}^{1}}{c_1/2}\right)^2 = \frac{8\pi}{3} \qquad (5.36c)$$

另一方面，式(5.36a)、式(5.36b)和式(5.36c)的最大值对应椭球体的半长轴，可推

导得到

$$a_1 = \sqrt{\frac{3}{2\pi}} \sqrt{(c_{x1}^{-1})^2 + 2(c_{x1}^0)^2 + (c_{x1}^1)^2} \tag{5.37a}$$

$$b_1 = \sqrt{\frac{3}{2\pi}} \sqrt{(c_{y1}^{-1})^2 + 2(c_{y1}^0)^2 + (c_{y1}^1)^2} \tag{5.37b}$$

$$c_1 = \sqrt{\frac{3}{2\pi}} \sqrt{(c_{z1}^{-1})^2 + 2(c_{z1}^0)^2 + (c_{z1}^1)^2} \tag{5.37c}$$

需要注意到,式(5.36)和式(5.37)中的 6 个方程只有 5 个是相互独立的,也就是说,当 $n=1$ 时,球谐系数 c_{x1}^m、c_{y1}^m、c_{z1}^m($m=-1,0,1$)和 a_1、b_1、c_1 之间通过 5 个方程关联。对 100 个平潭砂颗粒的三维表面进行球谐重构,得到的系数 c_{x1}^{-1}、c_{x1}^0 和 c_{x1}^1 的概率密度分布直方图如图 5.17 所示。由图中可以看出,系数 c_{x1}^0 的概率密度表现为两端高中间低的现象,这与 c_{x1}^{-1} 和 c_{x1}^1 的接近高斯分布明显不同。因此,可利用图 5.17(d)所示的 a_1 的概率密度分布来代替 c_{x1}^0,并用于后续的主成分分析和随机系数的生成。基于相同原因,可用 b_1 代替 c_{y1}^{-1}、c_{y1}^1,用 c_1 代替 c_{z1}^{-1} 和 c_{z1}^1,参与球谐系数的分析和随机系数的生成。当随机系数组合确定后,通过求解式(5.36)和式(5.37)中的 5 个方程可以解出系数 c_{x1}^0、c_{y1}^{-1}、c_{y1}^1、c_{z1}^{-1} 和 c_{z1}^1,从而保证第一阶球谐系数之间的内在关系得到满足。

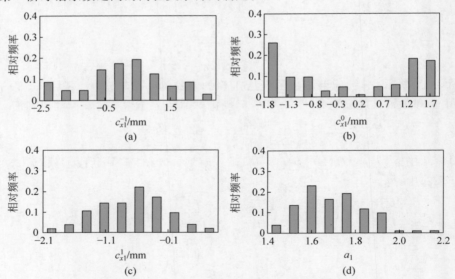

图 5.17　平潭砂颗粒一阶球谐系数概率密度分布直方图

(a) c_{x1}^{-1}; (b) c_{x1}^0; (c) c_{x1}^1; (d) a_1

5.4.2 球谐系数的随机生成

生成与真实颗粒形态特征类似的随机颗粒的球谐系数主要包括三个步骤：①考虑一阶球谐系数的固有关系构造球谐系数矩阵，并根据累积概率密度分布函数(CDF)的等价性进行标准化；②对标准化系数矩阵进行主成分分析(PCA)；③根据累积概率密度分布函数的等价性反算出球谐系数随机向量。

在第①步中，由于可将颗粒中心平移到坐标系的原点，从而使 $c_{x0}^0 = c_{y0}^0 = c_{z0}^0 = 0$，此外，将 a_1、b_1 和 c_1 引入系数矩阵中，而一阶球谐系数中的 5 个系数(如 c_{x1}^0、c_{y1}^{-1}、c_{y1}^1、c_{z1}^{-1} 和 c_{z1}^1)可通过式(5.36)和式(5.37)中的 5 个方程由其他系数求出，并不参与统计分析和随机生成，因此，系数矩阵的每一行包含 $3(N+1)^2 - 5$ 个分量，如 $N=15$ 时有 763 列，即

$$c_k = [a_{1,k}, b_{1,k}, c_{1,k}, c_{x1,k}^{-1}, c_{x1,k}^1, c_{x2,k}^{-2}, \cdots, c_{x15,k}^{15}, c_{y1,k}^0, c_{y2,k}^{-2}, \cdots, c_{y15,k}^{15}, c_{z1,k}^0, c_{z2,k}^{-2}, \cdots, c_{z15,k}^{15}]$$

(5.38)

式中，k 表示第 k 个颗粒。

由于真实颗粒的球谐系数大多并不符合高斯分布，故在对系数矩阵 c 进行主成分分析之前需对其进行标准化处理，如 5.2.2 节介绍。该标准化过程主要通过在实际系数的累积概率密度分布和正态分布函数的累积概率密度分布之间的映射实现(图5.6)，从而将系数矩阵 c 转换为遵循标准正态分布的系数矩阵 $\hat{c}$。接下来对矩阵 $\hat{c}$ 进行主成分分析，求出特征向量 $p_i (i=1,2,3,\cdots,l$，其中 l 为主成分个数)和协方差矩阵的特征值 λ_i [5]。基于 p_i 和 λ_i 按式(5.15)生成随机标准化系数矩阵 $\bar{c}_i$。最后，将生成的标准化系数转换为球谐系数，这一过程采用 5.2.2 节介绍的逆映射。将所有标准化系数转换为球谐系数之后，通过式(5.36)和式(5.37)求解出另外 5 个系数(如 c_{x1}^0、c_{y1}^{-1}、c_{y1}^1、c_{z1}^{-1} 和 c_{z1}^1)。

为验证上述方法的有效性，针对平潭砂颗粒一共生成了 300 个三维虚拟颗粒(样例颗粒如图 5.18 所示)，图 5.19(a)~(d)所示分别为系数 c_{x1}^{-1}、c_{x1}^0、c_{x1}^1 和 a_1 的概率密度分布直方图。可以看出，虚拟颗粒球谐系数的分布特征与真实颗粒球谐系数的分布特征基本一致，如 c_{x1}^0 的概率密度分布都呈现出两端大、中间小的特点。此外，对虚拟颗粒的形态指标也进行了计算分析，结果如表 5.2、图 5.20 和图 5.21 所示。表 5.2 表明，虚拟颗粒的各形态指标平均值比真实颗粒的小，但非常接近(除了棱角度)；对比图 5.20 与图 4.55 各指标的相关性可以看出，相对于真实颗粒，虚拟颗粒的形态指标分布范围更广一些。在图 5.20(a)中，大多数生成颗粒位于 $C_x^{3D} = S^{3D}$ 和 $C_x^{3D} = 1.2S^{3D}$ 两条直线之间；在图 5.20(b)中，大多数颗粒位于 $\text{AI}_r^{3D} = -0.36S^{3D} + 0.36$ 和 $\text{AI}_r^{3D} = -1.2S^{3D} + 1.2$ 为边界的范围内，少数位

于直线 $AI_r^{3D} = -0.36S^{3D} + 0.36$ 的下方,这与图 4.55(c)不同。从图 5.21 中可以看到,少量颗粒位于"刀片"型区域,而真实颗粒则没有这一类型的颗粒。少数虚拟颗粒与真实颗粒特征存在差异可能是由于生成系数的"随机性"所致,可结合逆蒙特卡罗方法消除。总体而言,前述方法生成的三维颗粒能够较好地再现真实颗粒的整体形态特征。

图 5.18 生成的虚拟平潭砂颗粒

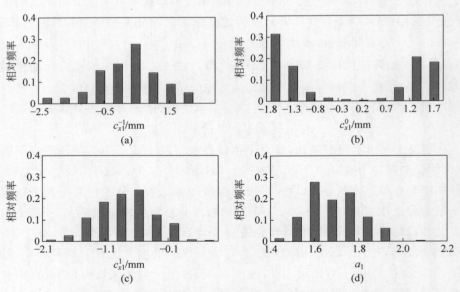

图 5.19 虚拟平潭砂颗粒一阶球谐系数概率密度分布直方图

(a) c_{x1}^{-1}; (b) c_{x1}^{0}; (c) c_{x1}^{1}; (d) a_1

表 5.2　真实颗粒与虚拟颗粒形态指标平均值的对比

类　　别	各形态指标平均值				
	球形度	凹凸度	细长度	扁平度	棱角度
真实颗粒	0.83	0.89	0.78	0.83	0.106
虚拟颗粒	0.80	0.87	0.71	0.80	0.09
差异/%	−3.6	−2.2	−9.0	−3.6	−15.1

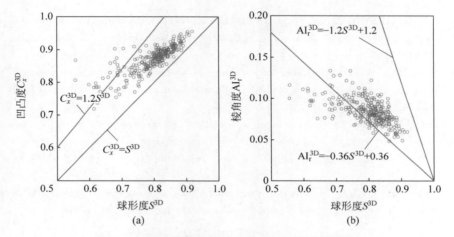

图 5.20　虚拟颗粒各形态指标之间的相关性分析

（a）凹凸度与球形度；（b）棱角度与球形度

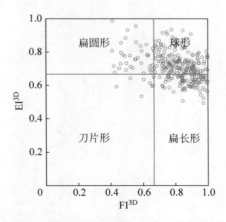

图 5.21　虚拟颗粒的细长度与扁平度

参 考 文 献

[1] MOLLON G,ZHAO J D. Fourier-Voronoi-based generation of realistic samples for discrete modelling of granular materials[J]. Granular Matter,2012,14(5)：621-638.

[2] MOLLON G,ZHAO J D. 3D generation of realistic granular samples based on random fields theory and Fourier shape descriptors[J]. Computer Methods in Applied Mechanics & Engineering,2014,279：46-65.

[3] WANG X,LIANG Z,NIE Z,et al. Stochastic numerical model of stone-based materials with realistic stone-inclusion features[J]. Construction and Building Materials,2019,197：830-848.

[4] SU D,YAN W M. Quantication of angularity of general-shape particles by using Fourier series and a gradient-based approach[J]. Construction and Building Materials,2018,161：547-554.

[5] ZHOU B,WANG J. Generation of a realistic 3D sand assembly using X-ray micro-computed tomography and spherical harmonic-based principal component analysis[J]. International Journal for Numerical and Analytical Methods in Geomechanics,2017,41(1)：93-109.

[6] WEI D,WANG J,NIE J. Generation of realistic sand particles with fractal nature using an improved spherical harmonic analysis[J]. Computers and Geotechnics,2018,104：1-12.

第 6 章　非规则颗粒离散元模拟方法

离散元模拟方法是研究几何形态对颗粒材料物理力学特性影响规律的重要手段。 对于非规则颗粒的离散元模拟分析，颗粒几何状态的表示、颗粒之间的接触判断与接触力计算方法是核心关键要素。

6.1 离散元方法基本原理

离散元方法最初由 Cundall 教授于 1971 年基于分子动力学原理提出[1]，并应用于分析岩石力学问题，随后在 1979 年提出了适用于岩土材料的离散元法[2]。其基本思想是将所分析的物体看作由一定数量独立颗粒组成的颗粒集合体，利用牛顿第二定律和接触本构理论，运行程序计算，跟踪颗粒单元受到的力和位移，并记录对应的位置信息，最后分析得到研究对象的运动规律。近十年来，计算能力的巨大进步推动了 DEM 在分析土体行为方面的发展。离散元方法主要分为块体离散元方法和颗粒离散元方法两种，这里主要介绍颗粒离散元方法。

6.1.1 基本假设

颗粒离散元方法在模拟过程中作了如下假设：

(1) 模型中所有的颗粒单元都看作刚性体，其自身不会发生破坏或者变形；

(2) 颗粒单元与颗粒单元之间的接触在非常小的范围当中发生，近似认为是点接触；

(3) 接触的特性为柔性接触，即颗粒之间的接触可以有微量的重叠，重叠量的大小与接触力有关，但与颗粒单元尺寸相比，重叠量很小；

(4) 接触处有特殊的连接强度，如可存在黏结强度；

(5) 模型中的基本颗粒单元为圆盘(2D)或者球体(3D)；

(6) 可利用簇逻辑来生成任意形状的"簇单元"，每一个"簇单元"可由一组重叠的颗粒单元构成，且它们可形成一个具有可变形边界的刚性体"颗粒"；

(7) 颗粒单元主要受到墙体或颗粒的接触作用，且模型中墙体速度可以根据需要进行设定。

在实际工程中，离散集合体的整体变形主要来自于颗粒接触面上的相对运动，即颗粒的滑动和转动以及柔性接触面的张开与关闭所引起，而非单个颗粒自身的变形，因此把颗粒单元看作刚体是恰当的。在颗粒流模型中，除了颗粒单元外，还包括代表边界的"墙"，可通过对"墙"赋予一定的速度来实现对颗粒集合体的加卸载，颗粒和墙之间通过接触产生相互作用力，每一个颗粒都会满足运动方程，但边界"墙"的运动并不受接触处作用力的影响，其运动仅由人为设定的速度控制，同时墙体与墙体之间不会产生接触力，所以颗粒流模型中只存在两种接触模型：颗粒-颗粒接触和颗粒-墙体接触。

6.1.2　计算循环

在离散单元法中,颗粒间的相互作用是一个动态过程,该动态过程主要通过时步算法实现。当时间步长足够小时,在一个时步内的颗粒速度和加速度可以被视为保持不变,且颗粒的运动只对直接相邻的颗粒产生影响,因此,作用在每个颗粒上的力或力矩仅由与其直接接触的颗粒决定。离散单元法是一种显式求解的数值方法,即在求解过程中,所有方程一侧的量都是已知的,另一侧的量只要用简单的代入法即可求得。离散单元法的计算循环如图 6.1 所示,在时步开始时,每个颗粒和墙体的位置信息是已知的,据此可以进行接触判定来更新颗粒-颗粒和颗粒-墙体的接触信息;然后根据接触本构模型在每个接触处求得接触力信息,并计算出每个颗粒的合力和合力矩,再基于运动方程求得颗粒的平动加速度和转动加速度;最后通过时间积分(如中心差分法)的方法求得颗粒在时步结束时的位置信息,从而开始下一个时步的计算循环,直到颗粒集合体达到平衡状态或达到指定的计算时长时,计算结束。

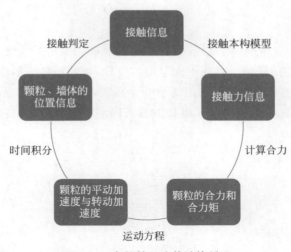

图 6.1　离散单元法的计算循环

6.2　二维星形颗粒离散元模拟方法

针对二维星形颗粒,本节介绍一种基于傅里叶级数拟合颗粒轮廓的离散元模拟方法——FSDEM[3]。其具体原理和相应的数值模拟示例详细介绍如下。

6.2.1　颗粒轮廓表示

如图 6.2 所示,从二维星形颗粒的中心(点 C)到轮廓上的一个点(例如点 P)的极径用 r 表示,极径在局部坐标系 $x'-y'$ 中相对于 x' 轴的极角为 θ'($0 \leqslant \theta' < 2\pi$)。通过傅里叶级数展开,$r$ 可以表示为 θ' 的单值函数,即

$$r(\theta') = a_0 + \sum_{n=1}^{N} [a_n \cos(n\theta') + b_n \sin(n\theta')] \tag{6.1}$$

式中,a_0、a_n、b_n 为傅里叶系数;N 为傅里叶级数展开的总阶数。由 r 和 θ' 可求得轮廓上任意一点的局部坐标,即

$$x' = r\cos\theta' \tag{6.2a}$$
$$y' = r\sin\theta' \tag{6.2b}$$

如图 6.2 所示,若已知颗粒中心点的位置,即 x_C 和 y_C,以及颗粒围绕其中心的旋转,即 θ_0(θ_0 是全局坐标系正 x 轴与局部坐标系正 x' 轴的夹角,以逆时针旋转为正),则颗粒轮廓上任意一点在全局坐标系中的坐标(即图 6.2 中的 x、y)可表示为

$$x = x_C + r\cos\theta \tag{6.3a}$$
$$y = y_C + r\sin\theta \tag{6.3b}$$

式中,$\theta = \theta_0 + \theta'$ 为点在全局坐标系中的极角。式(6.1)~式(6.3)表明,二维非规则星形颗粒轮廓上的任何一点在平面空间的位置,可由颗粒的平移(即 x_C 和 y_C)、旋转(即 θ_0)和描述颗粒轮廓形状的傅里叶系数来确定。由于傅里叶系数对于颗粒来说是不变的,因此在进行离散元模拟时只需确定不同时刻各颗粒的 x_C、y_C 和 θ_0 即可。

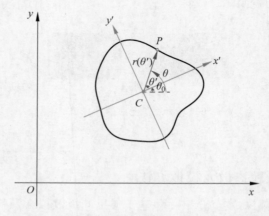

图 6.2　二维星形颗粒在局部坐标系和全局坐标系中的几何关系

质量和转动惯量也是颗粒的固有属性,可以通过以下积分来计算:

$$m = \rho \int_0^{2\pi} \int_0^{r(\theta')} r \, \mathrm{d}r \, \mathrm{d}\theta' \tag{6.4}$$

$$I_m = \rho \int_0^{2\pi} \int_0^{r(\theta')} r^2 \cdot r \, \mathrm{d}r \, \mathrm{d}\theta' \tag{6.5}$$

式中,ρ 为颗粒的密度。一般情况下,上述积分可以转换为数值积分。如果 $r(\theta')$ 表示为式(6.1)所示的傅里叶级数展开,则可得到如下解析表达式:

$$m = \rho \pi (c_1 + c_2/2) \tag{6.6}$$

$$I_m = \rho \pi \left(\frac{1}{2} c_3 - \frac{9}{16} c_4 + \frac{3}{2} c_1 c_2 + \frac{3}{4} c_2^2 \right) \tag{6.7}$$

式中,$c_1 = a_0^2$,$c_2 = \sum_{n=1}^{N} (a_n^2 + b_n^2)$,$c_3 = a_0^4$,$c_4 = \sum_{n=1}^{N} (a_n^4 + b_n^4)$。

6.2.2 接触判定

接触判定包括颗粒之间的接触判定和颗粒与边界之间的接触判定。对于圆形颗粒,因为判定过程只涉及颗粒半径、颗粒中心之间的距离以及颗粒中心与边界之间的距离,因此计算简单且效率高。二维非规则颗粒的接触判定则更加复杂,计算量更大(如基于多边形的方法需每次更新多边形的顶点坐标[4])。Lai 等[5]提出将接触判定问题视为带约束的最小化问题,采用基于梯度的牛顿法,但是该方法只适用于凸形颗粒。下面介绍一种可用于凹形星形颗粒接触判定的方法。

1. 颗粒之间的接触判定

两个颗粒之间的接触判定包括三个步骤。第一步利用颗粒的外接矩形包围盒(axis-aligned bounding box,AABB)。如图 6.3 所示,两个相邻颗粒(一个标记为主颗粒,另一个标记为从颗粒),它们的外接矩形包围盒的边界分别为 $(x_{\min}^M, x_{\max}^M, y_{\min}^M, y_{\max}^M)$ 和 $(x_{\min}^S, x_{\max}^S, y_{\min}^S, y_{\max}^S)$,如果满足

$$(x_{\max}^S - x_{\min}^M)(x_{\min}^S - x_{\max}^M) < 0 \tag{6.8a}$$

和

$$(y_{\max}^S - y_{\min}^M)(y_{\min}^S - y_{\max}^M) < 0 \tag{6.8b}$$

则这两个颗粒存在接触的可能,需要进行下一步的判断;否则这两个颗粒不可能接触。

对于满足式(6.8)的两个颗粒,采用点-线接触算法(node to curve algorithm,NCA)进行第二步的接触判定。如图 6.4(a)所示,首先将从颗粒的轮廓离散为若干节点,两个相邻节点之间的极角之差为 $\Delta\theta'$($\Delta\theta' = 2\pi/M$,其中 M 为节点总数)。如果从颗粒的所有节点都位于两个外接矩形包围盒的重叠区域(即图 6.4(a)中的矩形 $J_1 J_2 J_3 J_4$)之外,则这两个颗粒非接触。如果从颗粒的一些节点位于重叠区

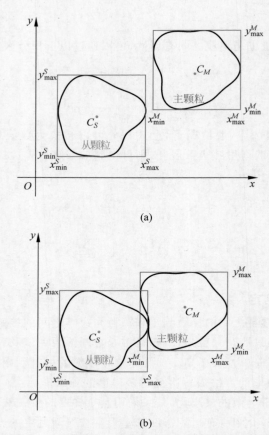

(a)

图 6.3　颗粒之间的外接矩形包围盒接触判定

（a）包围盒无接触；（b）包围盒有接触

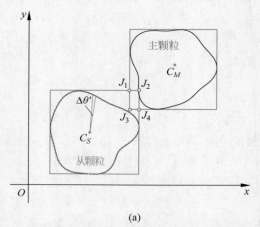

(a)

图 6.4　基于点-线接触算法的颗粒-颗粒局部接触判定

（a）无接触：从颗粒的所有节点均位于重叠区域之外；（b）有接触：从颗粒的部分节点落入主颗粒内部；

（c）无接触：重叠区域内所有节点均处在主颗粒外部

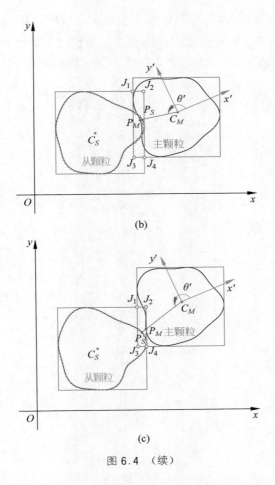

图 6.4 （续）

域内，如图 6.4(b)和图 6.4(c)所示，则需进行第三步的接触判定。为此，首先确定重叠区域中节点 P_S 在主颗粒局部坐标系下的极角，即图 6.4(b)中的 θ'；然后计算 $\overline{C_M P_S}$ 的距离（用 $L_{C_M P_S}$ 表示）；接着，根据式(6.1)计算得到与节点 P_S 具有相同极角的在主颗粒轮廓上的节点（即 P_M）的极径，用 $L_{C_M P_M}$ 表示。如果满足

$$L_{C_M P_S} - L_{C_M P_M} < 0 \qquad (6.9)$$

则节点位于主颗粒内，从颗粒与主颗粒相交，如图 6.4(b)所示；反之，如果从颗粒的所有节点都不满足式(6.9)，则两个颗粒不接触，如图 6.4(c)所示。

　　确定两个颗粒接触后，需进一步求出两个颗粒轮廓的交点。如图 6.5(a)所示，沿逆时针方向，点 P_S^i 为从颗粒进入主颗粒的第一个节点，点 P_S^j 为最后一个节点，P_S^i 之前的节点为 P_S^{i-1}，P_S^j 之后的节点为 P_S^{j+1}，将点 C_M 与 P_S^{i-1}、P_S^i、P_S^j、

P_S^{j+1} 连接,生成四条直线,与主轮廓相交于点 P_M^{i-1}、P_M^i、P_M^j、P_M^{j+1}。然后,由点 P_S^{i-1}、P_S^i、P_M^{i-1} 和 P_M^i 确定交点 P_1,由点 P_S^j、P_S^{j+1}、P_M^j 和 P_M^{j+1} 确定交点 P_2。图 6.5(b)给出了确定点 P_1 的方法(确定点 P_2 的方法相同),其具体步骤如下:

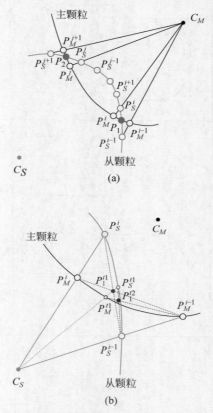

图 6.5　主颗粒和从颗粒之间的接触交点求解
(a)接触交点示意图;(b)半径逐步逼近法求解交点

(1) 将 P_S^{i-1} 与 P_S^i、P_M^{i-1} 与 P_M^i 连接,然后得到 $\overrightarrow{P_S^{i-1}P_S^i}$ 与 $\overrightarrow{P_M^{i-1}P_M^i}$ 的交点,记为 P_1^{t1}(第一次得到的交点 P_1)。

(2) 连接 C_S 和 P_1^{t1},线 $\overrightarrow{C_S P_1^{t1}}$ 与从颗粒的轮廓相交于 P_S^{t1}。

(3) 连接 C_M 和 P_S^{t1},线 $\overrightarrow{C_M P_S^{t1}}$ 与主颗粒的轮廓相交于 P_M^{t1}。

(4) 如果 $L_{C_M P_M^{t1}} > L_{C_M P_S^{t1}}$,连接 P_S^{i-1} 和 P_S^{t1}、P_M^{i-1} 和 P_M^{t1},然后得到 $\overrightarrow{P_S^{i-1}P_S^{t1}}$ 和 $\overrightarrow{P_M^{i-1}P_M^{t1}}$ 的交点,记为 P_1^{t2}(第二次得到的交点 P_1);否则,连接 P_S^i 和 P_S^{t1} 和 P_M^i 和 P_M^{t1},从而得到 P_1^{t2}。

(5) 重复步骤(2)~(4),直至$|L_{C_M P_M^{ti}} - L_{C_M P_S^{ti}}| < \varepsilon$($\varepsilon$ 为允许误差)。

上述算法称为半径逐步逼近法(radius approaching algorithm,RAA),算法对于凸形颗粒和凹形颗粒都是稳定的,且计算效率较高。

当主颗粒或从颗粒为凹形非规则颗粒时,两个颗粒之间可能存在多个接触。这时,对于每个接触都计算出两个交点及交点在从颗粒局部坐标中的极角,如图 6.6 所示,则每个接触都可用极角的范围来表示,如接触 I 表示为$[\theta_1', \theta_2']$,接触 II 表示为$[\theta_3', \theta_4']$。根据接触的极角范围,可判断计算过程中接触的继承关系。

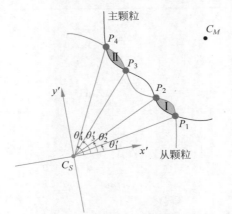

图 6.6　主颗粒与从颗粒之间的多重接触示意图

2. 颗粒与边界之间的接触判定

对于二维离散元模拟,边界通常由若干线段组成,每条线段可表示为

$$f(x,y) = ax + by + c = 0 \tag{6.10}$$

式中,可通过调整系数 a、b、c 的符号以确保边界内任意点满足 $ax + by + c > 0$。与颗粒之间的接触判定类似,颗粒与边界之间的接触判定也分三步。如图 6.7 所示,第一步是判断颗粒的包围盒与边界是否相交。这通过将包围盒四个角点的坐标代入式(6.10)来确定,如果所有的角点都满足 $f(x,y) > 0$,则颗粒不与边界接触(图 6.7(a));否则,颗粒的包围盒与边界接触或相交(图 6.7(b)),需进一步判定颗粒是否和边界接触。

若颗粒的包围盒与边界接触或相交,则将颗粒的轮廓离散为若干节点,如图 6.8 所示,然后将每个节点的坐标代入式(6.10),如果所有节点都满足 $f(x,y) > 0$,则颗粒与边界不接触,如图 6.8(a)所示;如果有任一节点满足 $f(x,y) < 0$,则颗粒与边界接触,如图 6.8(b)所示。对于图 6.8(b)的情况,需进一步确定颗粒轮廓与边界的交点。

如图 6.9(a)所示,需确定的交点包括 P_1 和 P_2。将节点按逆时针方向编号后,

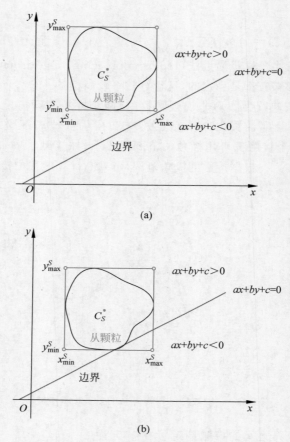

图 6.7 颗粒的包围盒与边界的接触判定
（a）颗粒与边界无接触；（b）颗粒与边界有接触

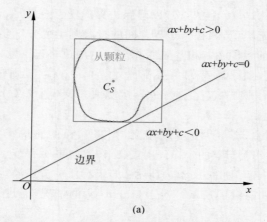

图 6.8 基于点线接触算法的颗粒-边界局部接触判定
（a）颗粒与边界无接触；（b）颗粒与边界有接触

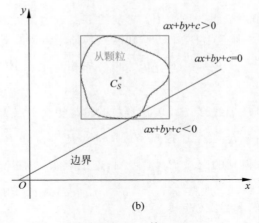

(b)

图 6.8 （续）

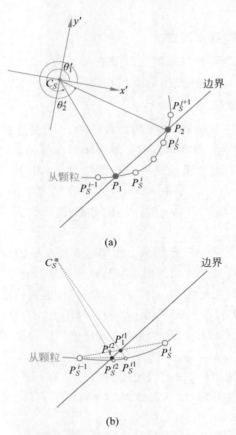

(a)

(b)

图 6.9　颗粒与边界之间的接触交点求解

（a）接触交点示意图；（b）半径逐步逼近法求解交点

穿过边界的第一个节点表示为 P_S^i，P_S^i 之前的节点表示为 P_S^{i-1}。图 6.9(b)给出了确定点 P_1 的方法(确定点 P_2 的方法相同)，其具体步骤如下：

(1) 连接点 P_S^{i-1} 和 P_S^i，线 $\overrightarrow{P_S^{i-1}P_S^i}$ 与边界相交于点 P_1^{t1}(第一次得到的交点 P_1)。

(2) 连接 C_S 和 P_1^{t1}，线 $\overrightarrow{C_S P_1^{t1}}$ 与从颗粒的轮廓相交于点 P_S^{t1}。

(3) 如果 $L_{C_S P_S^{t1}} > L_{C_S P_1^{t1}}$，连接点 P_S^{i-1} 和点 P_S^{t1}，得到 $\overrightarrow{P_S^{i-1}P_S^{t1}}$ 与边界的交点，记为 P_1^{t2}(第二次得到的交点 P_1)；否则，连接点 P_S^i 和点 P_S^{t1}，与边界相交得到 P_1^{t2}。

(4) 重复步骤(2)和步骤(3)，直至 $|L_{C_M P_M^{ti}} - L_{C_M P_S^{ti}}| < \varepsilon$($\varepsilon$ 为允许误差)。

上述算法可处理凹形颗粒轮廓与边界之间的多个接触问题。

6.2.3 接触力作用点及方向

当两个颗粒之间或颗粒与边界之间发生接触时，需根据重叠区域的几何特性确定接触力的作用点、法向接触力的方向和切向接触力的方向。

1. 颗粒之间的接触

对于圆形颗粒之间的接触，通常将颗粒中心连线在重叠区域线段的中点作为接触力作用点[6]。对于非规则颗粒的接触力作用点的确定，目前尚无统一的规则。部分研究采用两个颗粒交点连线的中点作为接触力作用点[5]，但该方法不适用于凹形颗粒。如图 6.10(a)所示，如一个颗粒为凹形，重叠区域呈凹形，颗粒轮廓的两个交点 P_1 和 P_2 的中点是 P_C，此时 P_C 位于重叠区域之外，显然不适合作为接触力作用点。

一个比较合理的方法是假定接触力作用在重叠区域的质心 M_C 上。确定质心 M_C 的坐标前需先计算重叠区域的面积和转动惯量。如图 6.10(b)所示，重叠区域的面积 A_c 可通过从颗粒扇形 $C_S P_1 P_S P_2$ 的面积、主颗粒扇形 $C_M P_2 P_M P_1$ 的面积、从颗粒三角形 $C_S P_1 P_2$ 的面积和主颗粒三角形 $C_M P_2 P_1$ 的面积来计算。重叠区域对全局坐标系的 x 轴和 y 轴的转动惯量也可以由以上四部分的转动惯量计算得到。

在确定接触力作用点后，假定切向接触力的方向 t 平行于 $\overrightarrow{P_1 P_2}$ 的方向，且绕从颗粒的中心沿逆时针方向，法向接触力的方向 n 与 t 垂直，并指向从颗粒中心所在的一侧。

2. 颗粒与边界之间的接触

颗粒与边界之间的接触力作用点和方向的确定方式类似于颗粒与颗粒之间的

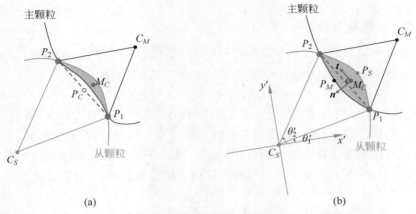

图 6.10　颗粒-颗粒的接触几何特征
（a）凹形颗粒的重叠区域；（b）凸形颗粒的重叠区域

接触。如图 6.11 所示，将从颗粒中扇形区域 $C_S P_1 P_S P_2$ 的面积减去三角形 $C_S P_1 P_2$ 的面积可得到重叠区域的面积；将扇形区域 $C_S P_1 P_S P_2$ 的转动惯量减去三角形 $C_S P_1 P_2$ 的转动惯量可得到重叠区域在全局坐标系中的转动惯量。然后计算重叠区域的质心 M_C，并将其作为接触力的作用点。切向接触力的方向 $\boldsymbol{t}$ 平行于 $\overrightarrow{P_1 P_2}$，即平行于边界线，法向接触力的方向 $\boldsymbol{n}$ 与 $\boldsymbol{t}$ 垂直，并指向从颗粒中心所在的一侧，如图 6.11 所示。

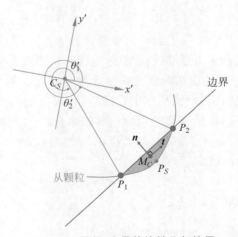

图 6.11　颗粒-边界的接触几何特征

6.2.4　接触力计算

颗粒之间以及颗粒与边界之间的接触力 F_c 由两部分组成，即法向接触力 F_n 和切向接触力 F_t，基于 6.2.3 节定义的方向 n 与 t，F_c 可表示为

$$F_c = F_n + F_t = F_n n + F_t t \tag{6.11}$$

式中，F_n 和 F_t 分别为法向接触力和切向接触力的大小。需注意的是，式(6.11)为作用在从颗粒上的力，当计算作用在主颗粒或边界上的力时，符号应取反。

线弹性模型是计算接触力的常用模型。对于非规则颗粒的法向力计算，采用基于重叠面积的方法比基于法向重叠长度的方法更为合理，其计算公式为

$$F_n = k_{n,A} A_c \tag{6.12}$$

式中，$k_{n,A}$ 为法向接触刚度(下标 A 表示其与重叠面积相关)。$k_{n,A}$ 由接触的两个非规则颗粒的性质决定，即

$$k_{n,A} = \frac{k_{n,A}^M k_{n,A}^S}{k_{n,A}^M + k_{n,A}^S} \tag{6.13}$$

式中，$k_{n,A}^M$ 和 $k_{n,A}^S$ 分别为主、从颗粒的法向接触刚度。根据式(6.12)，$k_{n,A}$ 为常数，F_n 与重叠面积呈线性关系，但重叠面积通常与法向重叠长度呈非线性关系。如图 6.12(a)所示，对于两个半径均为 R 的圆形颗粒，其重叠面积 A_c 与法向重叠长度 δ 的关系为

$$\frac{A_c}{R^2} = \arccos\left(1 - \frac{1}{2} \cdot \frac{\delta_n}{R}\right) - \left(1 - \frac{1}{2} \cdot \frac{\delta_n}{R}\right)\sqrt{\frac{\delta_n}{R} - \frac{1}{4}\left(\frac{\delta_n}{R}\right)^2} \tag{6.14}$$

根据式(6.14)，图 6.12(b)绘制了无量纲重叠面积 A_c/R^2 与无量纲法向重叠长度 δ_n/R 的关系，可见前者随后者呈非线性增加，也就是说即使 $k_{n,A}$ 为常数，由式(6.12)计算的法向接触力 F_n 也会随法向重叠长度非线性变化。由于基于法向重叠长度计算法向接触力的方法在离散元程序中广泛应用，因此法向接触刚度 $k_{n,\delta}$(下标 δ 表示基于法向重叠长度)取值方面的经验积累较多。$k_{n,A}$ 的取值可参考 $k_{n,\delta}$ 的取值。下面基于 $\delta_n/R = 0.01$ 时两种方法给出的法向接触力相同的假定，推导出 $k_{n,A}$ 与 $k_{n,\delta}$ 的关系。根据假定，有

$$(k_{n,A} A_c = k_{n,\delta} \delta_n)_{\delta_n/R = 0.01} \tag{6.15a}$$

根据图 6.12(b)，$A_c/R^2 = 0.00067$ 时，$\delta_n/R = 0.01$，代入式(6.15a)可得

$$k_{n,A} = \frac{15}{R} k_{n,\delta} \tag{6.15b}$$

对于非规则颗粒，可以用等效半径 R_{eq} 代替式(6.15b)中的半径 R，即

$$k_{n,A} = \frac{15}{R_{eq}} k_{n,\delta} \tag{6.15c}$$

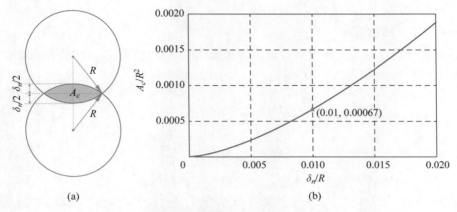

(a)   (b)

图 6.12 颗粒间重叠面积与重叠长度的关系

（a）圆形颗粒之间的重叠面积与法向重叠长度图示；（b）无量纲重叠面积与无量纲法向重叠长度的关系

由式(6.15b)和式(6.15c)可知,在假定 $k_{n,\delta}$ 相同的情况下,颗粒的尺寸越小, $k_{n,A}$ 的数值越大。

切向力的计算采用库仑摩擦准则,即

$$F_t = \mathrm{sign}(F_t^0 - k_t \Delta u_t)\min(|F_t^0 - k_t \Delta u_t|, \mu F_n) \tag{6.16}$$

式中, F_t^0 为当前计算步开始时的切向力; k_t 为切向刚度; μ 为接触摩擦系数; Δu_t 为当前计算步骤中的切向位移增量。 k_t 由接触的两个非规则颗粒的性质决定,即

$$k_t = \frac{k_t^M k_t^S}{k_t^M + k_t^S} \tag{6.17}$$

式中, k_t^M 和 k_t^S 分别为主、从颗粒的切向接触刚度。切向位移增量 Δu_t 的计算公式为

$$\Delta u_t = v_t \Delta t \tag{6.18}$$

式中, Δt 为当前时间步长; v_t 为从颗粒相对于主颗粒或边界的切向速度。 v_t 的计算公式为

$$v_t = [(\boldsymbol{v}_S + \boldsymbol{\omega}_S \times \boldsymbol{R}_S) - (\boldsymbol{v}_M + \boldsymbol{\omega}_M \times \boldsymbol{R}_M)] \cdot \boldsymbol{t} \tag{6.19}$$

式中, $\boldsymbol{v}_S$ 和 $\boldsymbol{v}_M$ 分别为从颗粒和主颗粒的平动速度; $\boldsymbol{\omega}_S$ 和 $\boldsymbol{\omega}_M$ 分别为从颗粒和主颗粒的旋转速度; $\boldsymbol{R}_S$ 和 $\boldsymbol{R}_M$ 分别为从颗粒和主颗粒的中心指向接触力作用点的矢径。

正常情况下,法向接触力和切向接触力不会通过非规则颗粒的中心,因此均会产生相对于颗粒中心的力矩。力矩的计算公式如下:

$$\boldsymbol{M}_{c,S} = \boldsymbol{R}_S \times \boldsymbol{F}_c \tag{6.20a}$$

$$\boldsymbol{M}_{c,M} = -\boldsymbol{R}_M \times \boldsymbol{F}_c \tag{6.20b}$$

6.2.5 运动方程

计算作用在每个接触点的接触力和接触力产生的力矩后,可计算作用在每个颗粒上的合力 $\boldsymbol{F}$ 和合力矩 $\boldsymbol{M}$,即

$$\boldsymbol{F} = \sum_{i=1}^{N_c} \boldsymbol{F}_{c,i} + \boldsymbol{F}_b \tag{6.21a}$$

$$\boldsymbol{M} = \sum_{i=1}^{N_c} \boldsymbol{M}_{c,i} \tag{6.21b}$$

式中,N_c 为颗粒上的接触点总数;$\boldsymbol{F}_b$ 为颗粒受到的体积力。

为了增强能量耗散,引入了作用在每个颗粒上的局部阻尼。局部阻尼包括阻尼力 $\boldsymbol{F}_d$ 和阻尼力矩 $\boldsymbol{M}_d$,其计算公式为

$$\boldsymbol{F}_d = [F_{dx}, F_{dy}] = [-\alpha \,|\, F_x \,|\, \text{sign}(v_x), -\alpha \,|\, F_y \,|\, \text{sign}(v_y)] \tag{6.22a}$$

$$\boldsymbol{M}_d = -\alpha \boldsymbol{M} \text{sign}(\omega) \tag{6.22b}$$

式中,α 为局部阻尼系数;v_x 和 v_y 分别为颗粒沿 x 轴方向和 y 轴方向的平动速度;F_x 和 F_y 分别为沿 x 方向和 y 方向的合力大小;ω 为转动速度;sign()函数的定义为

$$\text{sign}(x) = \begin{cases} +1, & x > 0 \\ -1, & x < 0 \\ 0, & x = 0 \end{cases} \tag{6.23}$$

在引入局部阻尼后,运动方程改写为

$$\boldsymbol{F} + \boldsymbol{F}_d = m\boldsymbol{a} \tag{6.24a}$$

$$\boldsymbol{M} + \boldsymbol{M}_d = I_m \boldsymbol{a}_r \tag{6.24b}$$

式中,$\boldsymbol{a}$ 和 $\boldsymbol{a}_r$ 分别为平动加速度和转动加速度。

6.2.6 时间积分方法

由式(6.24)计算出颗粒的平动加速度和转动加速度后,将通过时间积分的方法更新每个颗粒的平动速度、转动速度和位置(包括颗粒中心点的坐标和相对初始状态的转角),从而更新颗粒系统的状态。中心差分法是最简单和常用的时间积分方法之一,其计算过程如下:

$$\dot{X}_{n+\frac{1}{2}} = \dot{X}_{n-\frac{1}{2}} + \ddot{X}_n \Delta t \tag{6.25a}$$

$$X_{n+1} = X_n + \dot{X}_{n+\frac{1}{2}} \Delta t \tag{6.25b}$$

式中,Δt 为时间步长;X、$\dot{X}$ 和 $\ddot{X}$ 分别为颗粒的位置、速度和加速度;$[\cdot]_{n-1/2}$、

$[\cdot]_n$、$[\cdot]_{n+1/2}$ 和 $[\cdot]_{n+1}$ 分别为其在 $(n-1/2)\Delta t$、$n\Delta t$、$(n+1/2)\Delta t$ 和 $(n+1)\Delta t$ 时刻的数值。

中心差分法是有条件稳定的,其要求时间步长 Δt 小于临界时间步长 Δt_{crit}[1]。Cundall 和 Strack[2] 提出的计算临界时间步长的公式如下:

$$\Delta t_{crit} = \min\left(\sqrt{m/k^{tran}}, \sqrt{I_m/k^{rot}}\right) \tag{6.26a}$$

式中,k^{tran} 和 k^{rot} 分别为平动刚度和转动刚度。需指出,式(6.26a)中的法向接触刚度指的是基于重叠长度的法向接触刚度,即 $k_{n,\delta}$。当采用 $k_{n,A}$ 时,根据式(6.15c),式(6.26a)可改写为

$$\Delta t_{crit} = \min\left[\sqrt{15m/(k_{n,A}R_{eq})}, \sqrt{m/k_t}\right] \tag{6.26b}$$

式(6.26b)假定颗粒接触点的转动刚度为 0。由于非规则颗粒的 $k_{n,A}$ 与 $k_{n,\delta}$ 之间的关系是非线性的,且不会完全遵循图 6.12 所示的非线性关系,因此在实际应用中,建议将式(6.26b)计算出的 Δt_{crit} 减少一个数量级。

6.2.7　分析实例

基于上述离散元框架,利用 Julia 编程语言[7] 开发了二维星形颗粒离散元程序(a DEM code for two-dimensional Star-Shape Particles,SSP2D)。下面介绍 3 个 SSP2D 程序的分析实例。

1. 凹形颗粒的自由落体试验

本实例分析的对象是一个凹形颗粒,其轮廓的表达式为

$$r(\theta') = a_0 + a_4\cos(4\theta') \tag{6.27}$$

式中,$a_0 = 0.04$,$a_4 = 0.01$。如图 6.13 所示,颗粒为轴对称;按面积等效,它的等效半径 R_{eq} 为 0.04。分析中,设置颗粒的密度为 2700kg/m^3,剪切接触刚度 k_t 为 10^7N/m。假定 $k_{n,\delta} = 10^7$N/m,由式(6.15c)计算得法向接触刚度 $k_{n,A}$ 为 3.7×10^9N/m^2。分析中不考虑局部阻尼和黏性阻尼。

为了选择合适的节点数 M 进行从颗粒轮廓的离散,首先进行颗粒与边界之间的数值压缩测试。如图 6.13 所示,当颗粒向边界移动时,边界是固定的。将颗粒轮廓分别离散为 90、180、360、720 和 1080 个节点,测得的法向力-位移关系如图 6.14 所示。可见,当 $M = 180,360,720$ 和 1080 的情况下,所得结果基本相同,但当 $M = 90$ 时,由于两个相邻节点之间的距离相对较大,颗粒与边界之间的接触不能及时被检测到。另一方面,为求得颗粒与边界之间的交点(接触判定第 3 步)所需的迭代次数随着 M 的增加而减少,如图 6.15 所示;然而,M 值越大,意味着接触判定第 2 步需要判定的节点越多,需要越多的计算时间。为平衡接触判定第 2 步和第 3 步的计算耗时,在本实例中 M 取 360。

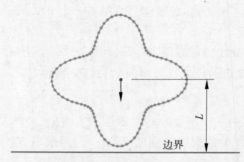

图 6.13 颗粒与边界之间的压缩测试

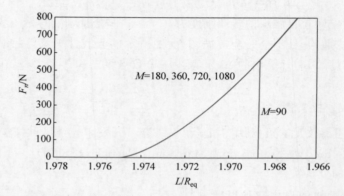

图 6.14 节点数对颗粒与边间之间的法向力-位移关系的影响

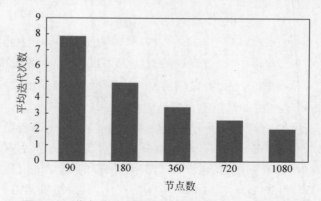

图 6.15 节点数对接触判定第 3 步中迭代次数的影响

假定颗粒在重力作用下从离地 1m 的高处下落,共进行了 8 次数值试验,各试验的参数如表 6.1 所示。将 8 种情况分为 4 组(每组两个试验),各组中颗粒的初始旋转角度 θ_0 分别为 0°、15°、30°、45°,如图 6.16 所示。在每组中,其中一个试验地面无摩擦,另一个试验地面的接触摩擦系数 $\mu = 0.25$。由式(6.26b)估算的临界时间步为 1.18×10^{-3} s,将该数值减小一个数量级,因此在模拟中采用的 $\Delta t_{\text{crit}} = 1 \times 10^{-4}$ s,各个试验分析的时长为 2s。

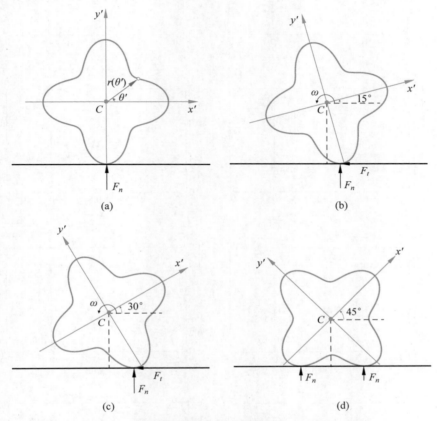

图 6.16 不同初始旋转角的凹形颗粒与地面接触示意图
(a) $\theta_0 = 0°$(试验 I 和试验 II); (b) $\theta_0 = 15°$(试验 III 和试验 IV);
(c) $\theta_0 = 30°$(试验 V 和试验 VI); (d) $\theta_0 = 45°$(试验 VII 和试验 VIII)

图 6.17 所示为在 8 个数值试验中颗粒的运动轨迹。正如预期,在地面无摩擦的情况下(试验 I、III、V 和试验 VII),颗粒始终沿竖直方向运动。这是由于颗粒在碰撞过程中,地面不产生摩擦力,只产生垂直于地面的法向力。如图 6.16 所示,在试验 I 中,地面的法向力通过颗粒质心,在试验 VII 中,作用在两个接触点上的法向力关于通过颗粒质心的竖直线对称,所以在这两种情况下法向力均不产生转动力矩,因而颗粒始终作平移运动。然而,在试验 III 和试验 V 中,地面的法向力不通过颗粒的质心,产生了转动力矩并使颗粒旋转运动。

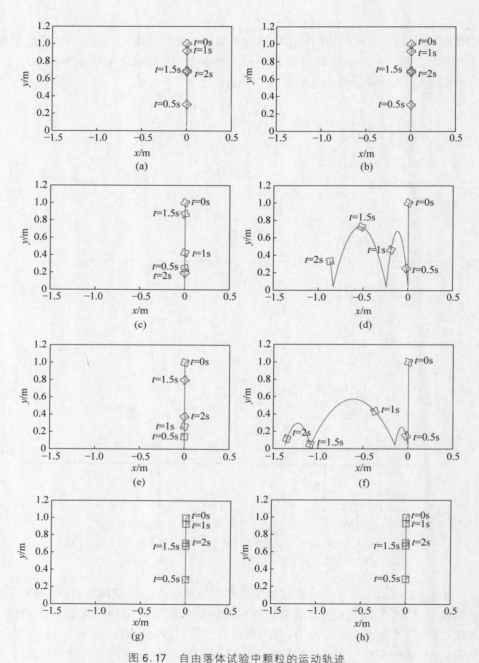

图 6.17　自由落体试验中颗粒的运动轨迹

(a) 试验 I ($\mu=0,\theta_0=0°$)；(b) 试验 II ($\mu=0.25,\theta_0=0°$)；(c) 试验 III ($\mu=0,\theta_0=15°$)；
(d) 试验 IV ($\mu=0.25,\theta_0=15°$)；(e) 试验 V ($\mu=0,\theta_0=30°$)；(f) 试验 VI ($\mu=0.25,\theta_0=30°$)；
(g) 试验 VII ($\mu=0,\theta_0=45°$)；(h) 试验 VIII ($\mu=0.25,\theta_0=45°$)

在试验 II、IV、VI、VIII 中,地面摩擦系数 $\mu = 0.25$。在情况 II 和 VIII 中,由于颗粒始终只有沿竖直方向的平移运动而没有转动,因而在与地面碰撞过程中没有相对切向位移,因而颗粒与地面之间的摩擦力始终为零。如图 6.16(b)和(c)所示,试验 IV 和 VII 中,碰撞过程中地面对颗粒的法向力不通过颗粒质心,因此导致颗粒沿逆时针方向旋转。由于颗粒沿逆时针方向旋转运动的存在,颗粒在与地面接触时相对地面具有切向速度,因而将受到地面的摩擦力作用,从而产生水平方向的加速度和速度。这也是图 6.17(d)和(f)中,颗粒在第一次碰撞地面后,产生逆时针旋转并向左运动的原因。

表 6.1　颗粒自由落体试验模拟参数表

试验编号	颗粒密度 $\rho/(\mathrm{kg/m^3})$	法向接触刚度 $k_n^A/(\mathrm{N/m^2})$	切向接触刚度 $k_t/(\mathrm{N/m})$	局部阻尼系数 α	地面的接触摩擦系数 μ	初始旋转角度 $\theta_0/(°)$
I					0	0
II					0.25	
III					0	15
IV	2700	3.7×10^9	10^7	0	0.25	
V					0	30
VI					0.25	
VII					0	45
VIII					0.25	

图 6.18 所示为 8 个试验中颗粒的能量演变过程,图中的总能量是指颗粒的重力势能、平动动能和转动动能的总和。在试验 I、II、III、V、VII 和 VIII 中,由于没有接触摩擦引起的能量耗散,除了颗粒碰撞地面时部分能量转化为接触点的弹性势能,

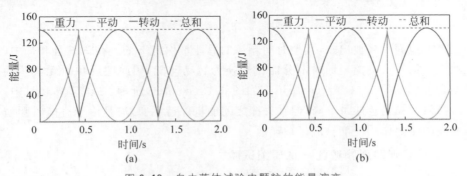

图 6.18　自由落体试验中颗粒的能量演变

(a) 试验 I ($\mu=0, \theta_0=0°$); (b) 试验 II ($\mu=0.25, \theta_0=0°$); (c) 试验 III ($\mu=0, \theta_0=15°$);

(d) 试验 IV ($\mu=0.25, \theta_0=15°$); (e) 试验 V ($\mu=0, \theta_0=30°$); (f) 试验 VI ($\mu=0.25, \theta_0=30°$);

(g) 试验 VII ($\mu=0, \theta_0=45°$); (h) 试验 VIII ($\mu=0.25, \theta_0=45°$)

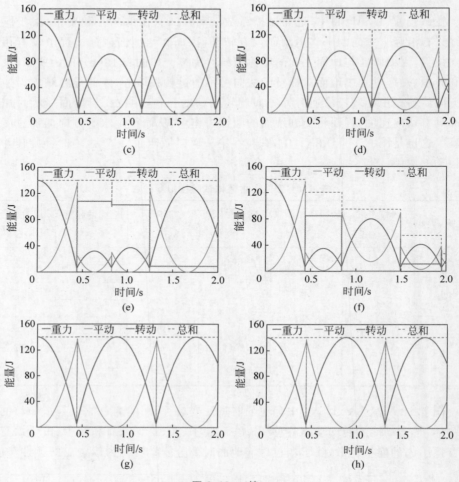

图 6.18 （续）

并在离开地面时释放出来,其他时间颗粒的总能量保持不变。在试验Ⅲ和Ⅴ中,由于在颗粒第一次碰撞地面时部分能量转换为转动动能,因而此后颗粒无法达到初始的高度,如图 6.18(c)和(e)所示。如图 6.18(d)和(f)所示,在试验Ⅳ和Ⅵ中,每次碰撞时颗粒的总能量下降,但在碰撞之间能量保持不变,这是由于碰撞时颗粒与地面间的摩擦作用使部分能量被耗散。

2. 不规则凹形颗粒的一维压缩试验

首先采用 Mollon 和 Zhao[8] 提出的生成二维不规则星形颗粒的方法生成随机凹形颗粒,其采用的极径表达式为

$$r(\theta') = a_0 \left\{ 1 + \sum_{n=1}^{N} \left[D_n \sin(n\theta' + \varphi_n) \right] \right\} \tag{6.28}$$

式中，a_0 为颗粒的尺寸；D_n 和 φ_n 分别为第 n 阶傅里叶级数的无量纲幅值和相位角。因为 D_1 对应颗粒轮廓的"平动"，可令其为零；其他 D_n 由 D_2、D_3、D_8 的值根据下式确定：

$$D_n = 2^{\alpha \cdot \log_2 \frac{n}{3} + \log_2 D_3}, \quad 3 < n < 8 \qquad (6.29\text{a})$$

$$D_n = 2^{\beta \cdot \log_2 \frac{n}{8} + \log_2 D_8}, \quad n > 8 \qquad (6.29\text{b})$$

其中 α 和 β 决定了 D_n 随 n 增大而减小的速率。本实例取 $a_0 = 0.04, \alpha = \beta = -2$，$D_2 = 0, D_3 = 0.1, D_8 = 0.01, \varphi_n$ 取随机值生成随机颗粒，生成的两个典型颗粒如图 6.19 所示，可见，生成的颗粒是凹形的，可能出现颗粒间多接触点的问题。

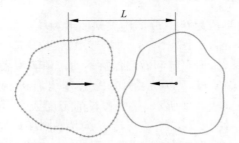

图 6.19　压缩试验中生成的不规则凹形颗粒

为了选择合适的节点数 M 进行从颗粒轮廓的离散，首先进行两个颗粒之间的数值压缩测试，如图 6.19 所示。将颗粒轮廓分别离散为 90、180、360、720 和 1080 个节点，测得的法向力-位移关系如图 6.20 所示。可见，当 $M = 180, 360, 720$ 和 1080 的情况下，所得结果基本相同，但当 $M = 90$ 时，由于两个相邻节点之间的距离相对较大，颗粒之间的接触不能及时被检测到。同样，为求得颗粒之间的交点所需的迭代次数随着 M 的增加而减少，如图 6.21 所示。在本实例中 M 也取 360。

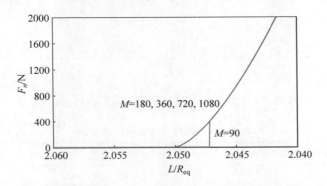

图 6.20　节点数对两个非规则凹形颗粒之间法向力-位移关系的影响

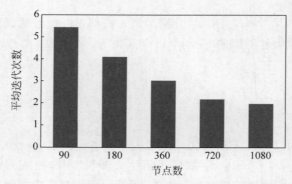

图 6.21　节点数对接触判定第 3 步中迭代次数的影响

　　生成 1200 个等效半径为 0.04m 的不规则凹形颗粒进行一维压缩试验。颗粒最初均匀分布在一个 4m×3m(宽×高)的矩形中,颗粒质心之间的距离为 0.1m,然后顶墙和底墙向内移动,而左墙和右墙保持不动。顶墙和底墙采用压力控制,如图 6.22 所示,共分 11 个阶段,压力先由 10kPa 逐步增加到 400kPa,再逐步减小到 10kPa。模拟中的参数如表 6.2 所示,其中颗粒的密度为 2700kg/m^3,自重忽略不计;颗粒和墙的剪切接触刚度 k_t 为 10^7 N/m,法向接触刚度 $k_{n,A}$ 为 $3.7×10^{10}$ N/m^2;局部阻尼系数 α 设为 0.2,以增强能量耗散;颗粒间的接触摩擦系数 μ 为 0.25,颗粒与墙之间的接触摩擦系数为 0;模拟中取 $\Delta t_{\text{crit}}=1×10^{-4}$ s。为了对比,还进行了圆形颗粒试样的一维压缩数值试验,颗粒的半径为 0.04m,模拟中采用的参数与非规则颗粒试验的参数相同。

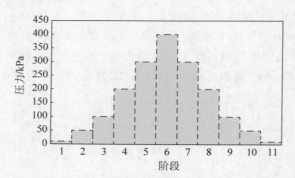

图 6.22　一维压缩试验中的不同加载阶段的压力值

表 6.2　一维压缩试验模拟参数表

参　　数	颗粒	墙体
颗粒密度,$\rho/(\text{kg}/\text{m}^3)$	2700	—
法向接触刚度,$k_n^A/(\text{N}/\text{m}^2)$	$3.7×10^9$	$3.7×10^9$

续表

参　　数	颗粒	墙体
切向接触刚度,k_t/(N/m)	10^7	10^7
局部阻尼系数,α	0.7	—
接触摩擦系数,μ	0.25	0

　　图 6.23 和图 6.24 所示分别为非规则颗粒和圆形颗粒试样在不同加载阶段的状态。对比图 6.23(a)和图 6.24(a)可知,当压力较小时($p=10\text{kPa}$),非规则颗粒比圆形颗粒形成的结构更为松散;当压力从 10kPa 增大到 400kPa 时,两个试样的高度均随压力的增大而减小;当压力从 400kPa 减小到 10kPa 时,两个试样的高度均随压力的减小而增大。图 6.25 所示为加载过程中试样孔隙率和体积应变的变化过程。从图 6.25(a)中可以看出,当压力大于 100kPa 时,非规则颗粒试样的孔隙率与圆形颗粒试样的孔隙率非常接近,而 p 在 10~50kPa 之间时,无论加载还是卸载阶段,非规则颗粒试样的孔隙率均大于圆形颗粒试样。从图 6.25(b)中可以看出,非规则颗粒试样的体积应变总是大于圆形颗粒试样的体积应变。加载至 400kPa 再卸载至 10kPa 后,非规则颗粒试样的残余体积应变约为 7.12%,而圆形颗粒试样仅为 3.25%。

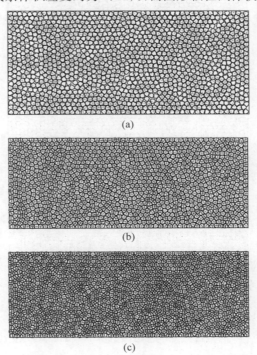

(a)

(b)

(c)

图 6.23　非规则颗粒在不同压缩阶段的接触分布情况

(a) $p=10\text{kPa}$;(b) $p=200\text{kPa}$;(c) $p=400\text{kPa}$;(d) $p=200\text{kPa}$,卸载;(e) $p=10\text{kPa}$,卸载

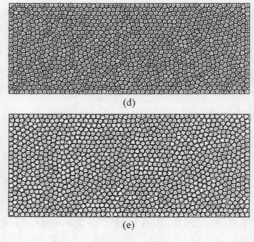

(d)

(e)

图 6.23 （续）

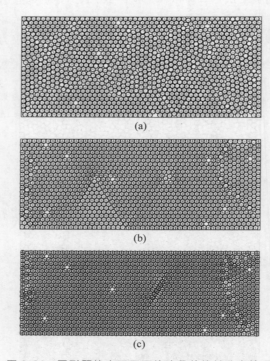

(a)

(b)

(c)

图 6.24 圆形颗粒在不同压缩阶段的接触分布情况

（a）$p=10\text{kPa}$；（b）$p=200\text{kPa}$；（c）$p=400\text{kPa}$；（d）$p=200\text{kPa}$,卸载；（e）$p=10\text{kPa}$,卸载

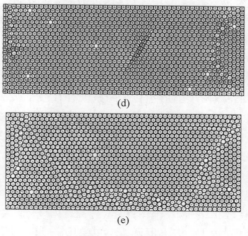

(d)

(e)

图 6.24 （续）

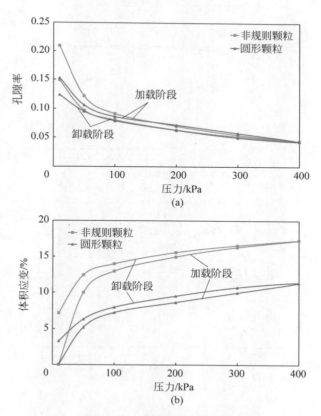

(a)

(b)

图 6.25 一维压缩试验模拟结果

（a）试样孔隙率随压力变化曲线；（b）试样体积应变随压力变化曲线

  图 6.26(a)所示为单个颗粒平均接触点数随压缩应力的变化关系。可以看出，当 $p>100\mathrm{kPa}$ 时，对于非规则颗粒试样和圆形颗粒试样，单个颗粒平均接触点数都约为 5.7 次，与颗粒形状和加、卸载历史无关。当 $p<100\mathrm{kPa}$ 时，非规则颗粒的单个颗粒平均接触点数远小于圆形颗粒，且卸载阶段的平均接触点数大于加载阶段。非规则颗粒试样和圆形颗粒试样另一个主要区别是具有双接触点的颗粒对数量。由于圆形颗粒为凸状，两个圆形颗粒之间只能存在一个接触点。如图 6.26(b)所示，对于两个凹形的非规则颗粒而言，它们之间可能同时存在两个接触点。图 6.26(b)统计了不同压缩应力下拥有双接触点的颗粒对数量。可以看出，当 $p=10\mathrm{kPa}$ 时，非规则颗粒拥有双接触点的颗粒对数量为 77；当 $p=50\mathrm{kPa}$ 时，数量增加到 482；之后开始减小，当 $p=400\mathrm{kPa}$ 时，该值变为 200。在相同的压缩应力下（除了 $p=10\mathrm{kPa}$ 时），卸载阶段和加载阶段拥有双接触点的颗粒对数量相近。以上结果表明，在较低的应力作用时，试样处于较松散状态，加载过程使颗粒旋转从而易形成双接触点的结构。但随着应力的进一步增加，颗粒进一步平移和

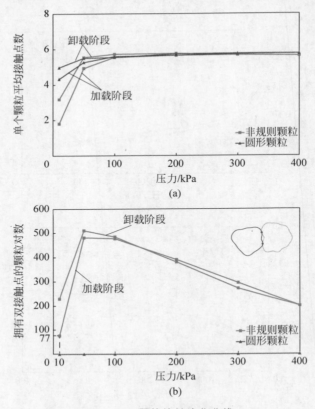

图 6.26　颗粒接触演化曲线

(a) 单个颗粒平均接触点数随压力变化曲线；(b) 拥有双接触点的颗粒对数随压力变化曲线

旋转从而形成整体上更致密的结构，一些早期形成的双接触点结构被破坏。

　　图 6.27 比较了两个试验中当 $p=400kPa$ 时颗粒接触点数的统计柱状图。对于圆形颗粒试样，单个颗粒的接触点数为 4 个、5 个或 6 个，约 77.3％ 的颗粒与其他颗粒通过 6 个接触点传递荷载。对于非规则颗粒试样，单个颗粒的接触点数在 3～8 个之间，并且约 42.4％ 的颗粒具有 6 个接触点。由于相邻两个非规则颗粒之间可能存在双接触点，因而约 12.6％ 的颗粒具有 7 个接触点，其中一个颗粒甚至和其他颗粒有 8 个接触点（由于分辨率问题，在图 6.27 中不可见）。

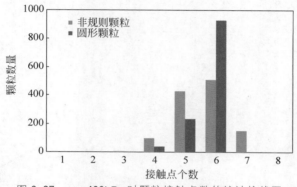

图 6.27　$p=400kPa$ 时颗粒接触点数的统计柱状图

3. 颗粒休止角试验

　　为研究颗粒形态对休止角的影响，分别进行了圆形颗粒和非规则颗粒的休止角测试数值试验。如图 6.28(a) 和图 6.29(a) 所示，首先生成在空间均匀分布的

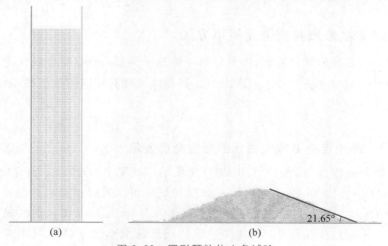

图 6.28　圆形颗粒休止角试验

（a）初始状态；（b）稳定状态

1500 个颗粒,然后让颗粒在自重作用下下落。圆形颗粒和非规则颗粒的等效半径均为 0.04m,模拟中使用的参数与一维压缩试验的参数相同,如表 6.2 所示。图 6.28(b)和图 6.29(b)所示为颗粒下落后形成的稳定堆积体,测量发现圆形颗粒和非规则颗粒的休止角分别为 21.65°和 27.83°。可见,由于颗粒轮廓不规则程度的增加,休止角增加了 28.55%。

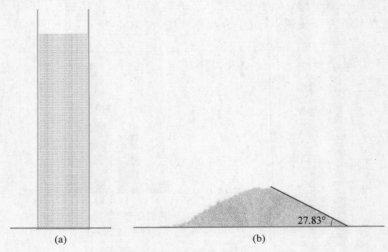

图 6.29　非规则颗粒休止角试验

(a)初始状态;(b)稳定状态

6.3　二维非星形颗粒离散元模拟方法

针对二维非星形颗粒轮廓,本节介绍一种基于圆弧(arcs)拟合颗粒轮廓凸角、凹角和平坦区域的方法——ArcDEM[9]。其具体原理和相应的数值模拟示例详细介绍如下。

6.3.1　基于混合 B 样条曲线的颗粒轮廓表示

通过各种成像设备(相机、QICPIC)获取的二维颗粒图像经二值化处理后如图 6.30(a)所示。使用 Canny 算子,二维颗粒轮廓可以通过检测边界像素获得,如图 6.30(b)所示。将边界像素矩阵转换为笛卡儿坐标,可以获得离散的轮廓点,如图 6.30(c)所示。受噪声影响,真实颗粒的离散轮廓点通常具有粗糙的纹理,如图 6.30(d)所示。因此,为消除噪声影响,首要步骤是构建颗粒的平滑轮廓。

在颗粒平滑轮廓的构建中,引入了 B 样条曲线函数。如图 6.31 所示,假设获

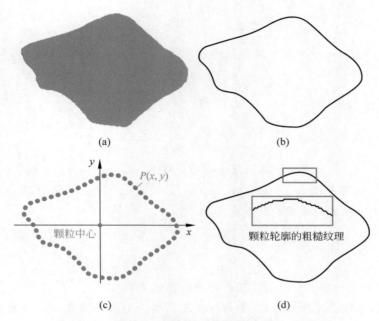

图 6.30 从二值图像中提取颗粒轮廓离散点

(a) 二维颗粒二值化图像；(b) 二维颗粒轮廓；(c) 离散的轮廓点；(d) 受噪声影响的颗粒轮廓

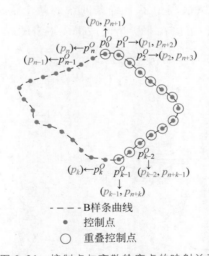

图 6.31 控制点与离散轮廓点的映射关系

得的离散轮廓点个数为 $n+1$，则可以根据以下参数化函数生成相应的封闭 B 样条曲线，用于表示边界轮廓：

$$B(t) = \sum_{i=0}^{n+k} p_i N_i^k(t), \quad t \in [0,1] \tag{6.30}$$

其中 $N_i^k(t)$ 为第 i 个 k 阶 B 样条基函数。$N_i^k(t)$ 的计算公式如下:

$$N_i^0(t) = \begin{cases} 1, & t_i \leqslant t \leqslant t_{i+1} \\ 0, & t < t_i \text{ 或 } t > t_{i+1} \end{cases} \tag{6.31}$$

$$N_i^k(t) = \frac{t - t_i}{t_{i+k} - t_i} N_i^{k-1}(t) + \frac{t_{i+k+1} - t}{t_{i+k+1} - t_{i+1}} N_{i+1}^{k-1}(t) \tag{6.32}$$

其中 $t_i = i/(n+k+1)$ 属于均匀分布的节点序列 $t_0, t_1, \cdots, t_i, \cdots, t_{n+k+1}$。此外,共有 $n+k+1$ 个控制点(表示为 $p_0, p_1, p_2, \cdots, p_{n+k}$)用于生成 B 样条曲线。控制点根据下式由原始离散轮廓点确定:

$$\begin{cases} p_i \leftarrow p_i^O, & 0 \leqslant i \leqslant n \\ p_i \leftarrow p_{i-n-1}^O, & n < i \leqslant n+k \end{cases} \tag{6.33}$$

图 6.31 展示了控制点与离散轮廓点之间的映射关系。

对于轮廓较为平滑的颗粒(如卵石颗粒),高阶 B 样条函数可以获得合理平滑的轮廓,然而对于碎石、浮石骨料等较尖锐的颗粒材料而言,单独的高阶 B 样条无法重现这些颗粒的轮廓尖角,如图 6.32(a)所示。解决这一问题的方法为采用混合 B 样条曲线[10]。该混合方法利用了 B 样条曲线的两个优点:①高阶 B 样条($k = N_p$,N_p 为边界点的数量)可以在非棱角区域生成平滑的颗粒轮廓;②低阶 B 样条

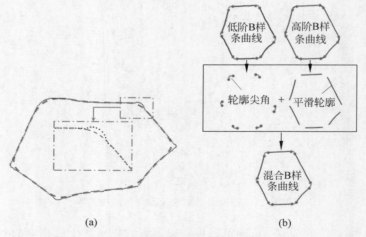

(a)   (b)

图 6.32 混合 B 样条曲线表示颗粒轮廓

(a)高阶 B 样条曲线与颗粒轮廓尖角对比;(b)混合 B 样条曲线获取的颗粒轮廓

($k=3$)可以再现棱角区域的尖角部分。低阶和高阶 B 样条曲线相结合,可同时消除噪声并保留磨圆度。图 6.32(b)展示了使用该方法获得的保留尖角特征的平滑颗粒轮廓的示例过程。为了使轮廓曲线可微,混合 B 样条(合并曲线)将采用低阶($k=3$)曲线重建以获得连续平滑的轮廓。由于非规则颗粒的轮廓最终由 B 样条曲线表示,因此可以直接将基于 B 样条曲线的颗粒合并到 DEM 中。值得注意的是,由于两个 B 样条曲线之间的交点没有解析解,因此确定颗粒之间的接触部分比较困难。

6.3.2　颗粒轮廓凸角、凹角和平坦区域的自动识别

获得保留棱角的平滑颗粒轮廓后,需要自动识别轮廓的凸角和凹角区域。根据 4.1.5 节所述,如果颗粒轮廓上任何一点的曲率半径小于最大内切圆半径,则该轮廓点属于凸角区域或凹角区域。

法向量、曲率向量和曲率半径是 ArcDEM 中的三个重要几何量。这些几何量可以通过 B 样条函数直接计算获得。平滑颗粒轮廓上任意点的法向量计算如下:

$$\boldsymbol{n}_a = \left[-\frac{\mathrm{d}y(t_a)}{\mathrm{d}t}, \frac{\mathrm{d}x(t_a)}{\mathrm{d}t} \right] \tag{6.34}$$

其中 $x(t_a)$ 和 $y(t_a)$ 为 $\boldsymbol{B}(t_a)$ 的 x 和 y 分量:

$$\begin{cases} x(t_a) = \displaystyle\sum_{i=0}^{n+k} x_i N_i^k(t_a) \\ y(t_a) = \displaystyle\sum_{i=0}^{n+k} y_i N_i^k(t_a) \end{cases} \tag{6.35}$$

所计算的 B 样条曲线上点的法向量如图 6.33(a)所示。

此外,曲率向量可由下式计算:

$$\boldsymbol{\kappa} = \frac{\boldsymbol{B}'(t_a) \times \boldsymbol{B}''(t_a)}{\parallel \boldsymbol{B}'(t_a) \parallel^3} \tag{6.36}$$

其中 $\boldsymbol{B}'(t_a)$ 和 $\boldsymbol{B}''(t_a)$ 分别为 $\boldsymbol{B}(t_a)$ 的一阶和二阶导数。表示颗粒轮廓的 B 样条曲线上点的曲率向量的符号如图 6.33(b)所示。因此,颗粒轮廓局部位置 $\boldsymbol{B}(t_a)$ 处的曲率半径为

$$r(t_a) = \frac{1}{\parallel \boldsymbol{\kappa} \parallel} \tag{6.37}$$

图 6.33(c)展示了计算得到的沿 B 样条曲线表示的颗粒轮廓的曲率半径。

通过计算获取颗粒轮廓几何量后,需要依次搜索颗粒平滑轮廓上的每个点,并采用距离图算法将其局部曲率半径 $r(t_a)$ 与最大内切圆的半径 R_{insc} 进行比较,如

图 6.34(a)、(b)所示。对于一个边界点，如果 $r(t_a) < R_{insc}$，且 $\kappa(t_a)$ 为负，则认为该点属于凸角区域，如图 6.34(c)所示。所有具有相同属性（如凸角）的相邻点相连即形成一个棱角区域。类似地，如果 $r(t_a) < R_{insc}$，且 $\kappa(t_a)$ 为正，则认为该点属于凹角区域，如图 6.34(d)所示。颗粒轮廓的其余点为平坦区域，如图 6.34(e)所示。最后，整个颗粒轮廓可以分成凸角区域、凹角区域和平坦区域的组合，如图 6.34(f)所示。

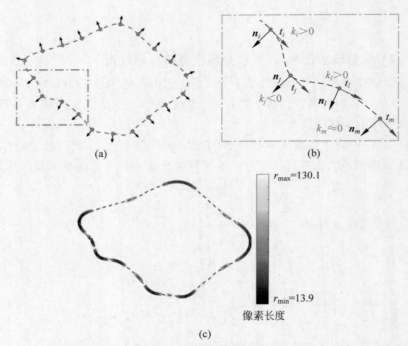

图 6.33 基于 B 样条曲线计算颗粒轮廓几何量

(a) 法向量；(b) 曲率向量；(c) 曲率半径

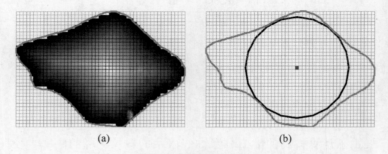

图 6.34 颗粒轮廓不同区域的识别

(a) 距离图；(b) 最大内切圆；(c) 凸角区域；(d) 凹角区域；(e) 平坦区域；(f) 所有区域的组合

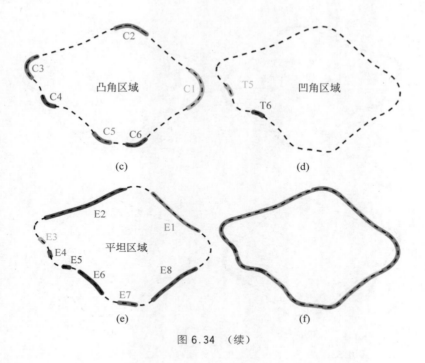

图 6.34 （续）

6.3.3 颗粒轮廓的圆弧拟合

在确定了颗粒轮廓的凸角、凹角和平坦区域后，可利用圆弧曲线（arcs）分别对这三个区域进行拟合。下面详细介绍相应的拟合算法。

1. 凸角和凹角区域的圆弧拟合

凸角和凹角区域的圆弧拟合共有三个步骤：

（1）采用圆生长算法（circle growing algorithm）[11]在目标凸角/凹角处为每个点寻找局部拟合圆。需要注意的是，对于凸角，圆生长方向从颗粒轮廓向内定向，如图 6.35(a)所示；而对于凹角，圆生长方向从颗粒轮廓向外定向，如图 6.35(b)所示。

（2）在确定目标凸角/凹角所有点的局部拟合圆后，如图 6.35(c)、(d)所示，对于每个局部拟合圆，计算点到相应拟合圆距离的几何平均值 D_j 为

$$D_j = \frac{1}{n_c}\sqrt{\sum_{k=1}^{n_c}(d_k - r_j)^2} \tag{6.38}$$

式中，n_c 为局部拟合圆的总数；r_j 为第 j 个局部拟合圆的半径；d_k 为第 k 个点到第 j 个局部内切圆圆心的距离。

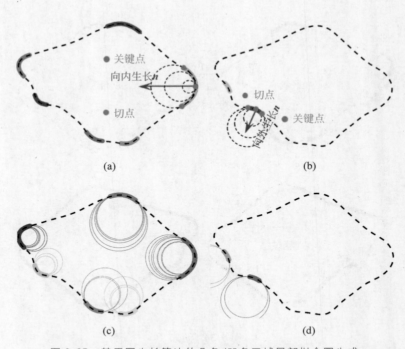

图 6.35 基于圆生长算法的凸角/凹角区域局部拟合圆生成

(a) 凸角区域圆生长方向；(b) 凹角区域圆生长方向；(c) 凸角区域的局部拟合圆；(d) 凹角区域的局部拟合圆

（3）将 D_j 最小的局部内切圆的圆心确定为最佳拟合圆弧的圆心。如图 6.36(a) 所示，通过最佳拟合圆（灰色虚线）和相应凸角区域（粉红色实线）的始点和终点（蓝色的关键点）确定最佳拟合圆弧（红色实线）。图 6.36(b) 展示了对应于凹角（黄实线）的最佳拟合圆弧（绿色实线）。基于此，颗粒轮廓的凸角区域和凹角区域均可利用圆弧代替。此外，每段圆弧都以两个"关键点"为界，即拟合圆弧之间互不重合。

2. 平坦区域的圆弧拟合

颗粒轮廓剩余部分即为平坦区域，每个平坦区域与两个相邻的凸角/凹角区域的圆弧共享两个"关键点"，假设这两个关键点分别为 Q 点和 P 点，用曲线 $\overset{\frown}{QP}$ 代表颗粒轮廓上的某段平坦区域，如图 6.37 所示。下面详细介绍 $\overset{\frown}{QP}$ 的圆弧拟合流程：

（1）首先，绘制一条直线 $\overline{QP}$（灰色虚线）连接曲线 $\overset{\frown}{QP}$（实心黑色）的终点 Q 和 P。将 $\overline{QP}$ 作为弦得到一个拟合圆弧 $\overset{\frown}{QP}$（红色虚线），使得该拟合圆弧上点到曲线 $\overset{\frown}{QP}$ 距离的平方和最小，然后计算曲线 $\overset{\frown}{QP}$ 上最大发散点 H 到 $\overset{\frown}{QP}$ 的距离，将其定义为 $\delta_{\max}$。

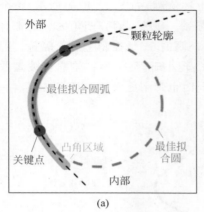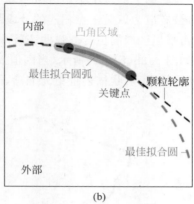

图 6.36 凸角和凹角区域的圆弧拟合

(a) 凸角区域最佳拟合圆弧；(b) 凹角区域最佳拟合圆弧

（2）如果 $\delta_{\max}$ 大于阈值 δ_0，则该点 H 成为新的终点 P_1，从而获得新的目标曲线 $\widehat{QP_1}$，如图 6.37(b)所示。重复步骤（1）获得新拟合的弧 $\widehat{QP_1}$，然后找到新的最大发散点 H 并计算相应的 $\delta_{\max}$。

（3）重复步骤（1）和步骤（2）直到 $\delta_{\max}$ 小于等于阈值 δ_0，如图 6.37(c)所示。更新后的弧 $\widehat{QP_1}$ 将永久替换曲线 $\widehat{QP_1}$，P_1 成为关键点。曲线 $\widehat{QP_1}$ 的剩余部分成为下一个要被圆弧替换的目标曲线 $\widehat{P_1P}$。如图 6.37(d)、(e)所示，通过重复步骤（1）和步骤（2），将产生新的弧 $\widehat{P_1P_2}$ 来代替曲线 $\widehat{P_1P_2}$，并生成一个关键点 P_2。当整个曲线 $\widehat{QP}$ 被多个相互连接的圆弧所取代时，流程终止，如图 6.37(f)所示。

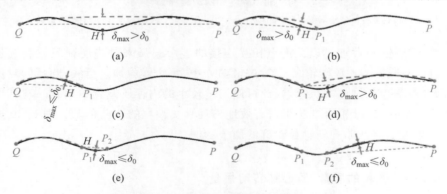

图 6.37 平坦区域的圆弧拟合

(a) 初始拟合圆弧；(b) 最大发散点 H；(c) 点 P_1 代替点 H；

(d) 新目标曲线；(e) 点 P_2 代替点 H；(f) 拟合完成

对颗粒轮廓上的每个平坦区域重复上述流程,如图 6.38(a)所示,整个颗粒轮廓最终将被离散为以关键点相连的分段圆弧。显然,凸角/凹角区域的拟合圆弧曲率较大,而平坦区域的拟合圆弧曲率较小。阈值 δ_0 是控制平滑轮廓替代圆弧的关键参数,如图 6.38(b)、(c)所示,当阈值 δ_0 较小时,整个颗粒轮廓将被离散为更多的弧元和关键点,形状描述也更为准确,同时也带来更大的计算成本。

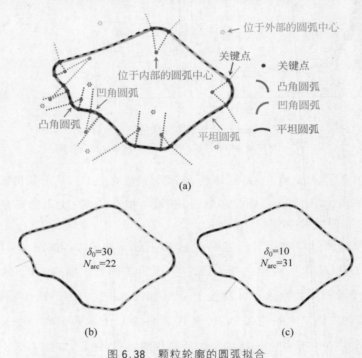

图 6.38 颗粒轮廓的圆弧拟合

(a)颗粒轮廓各区域的圆弧拟合;(b)$\delta_0=30$ 时拟合圆弧个数;(c)$\delta_0=10$ 时拟合圆弧个数

综上所述,可以通过以关键点相互连接的多个圆弧来对非规则颗粒轮廓进行拟合,即 Arcs-based 颗粒轮廓。在 ArcDEM 中,每个颗粒通过折线(圆弧所对应的弦)和圆弧对应的圆心来保存,因此可以通过较小的内存还原颗粒信息。与其他方法相比,Arcs-based 拟合方法可以有效地再现真实颗粒的凹凸形状。图 6.39 展示了使用该方法表征非规则颗粒轮廓的两个示例。

6.3.4 颗粒的质量、质心和转动惯量

1. 颗粒质量

假设颗粒的密度均匀,则颗粒质量可按下式计算:

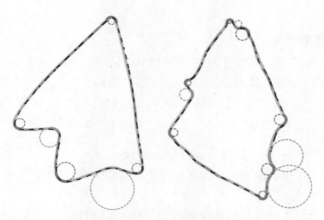

图 6.39 带尖角真实颗粒轮廓的圆弧拟合

$$m = \rho\left(A_{\mathrm{p}} + \sum_{i=1}^{N} A_i \zeta_i\right) \tag{6.39}$$

式中，ρ 为颗粒密度；A_{p} 为由"关键点"相互连接所形成的多边形面积；$\zeta_i = 1$ 时为向内弧(凸角区域)，$\zeta_i = -1$ 时为向外弧(凹角区域)；A_i 为第 i 个圆弧的顶部面积：

$$A_i = \frac{1}{2} R_i^2 (\theta_i - \sin\theta_i) \tag{6.40}$$

其中 θ_i 是第 i 个圆弧的径向圆心角。

2. 颗粒质心

颗粒质心的坐标(x_C, y_C)可以通过以下公式计算：

$$x_C = \left(A_{\mathrm{p}} x_{\mathrm{p}} + \sum_{i=1}^{N} A_i \zeta_i x_i\right) / A_{\mathrm{total}} \tag{6.41a}$$

$$y_C = \left(A_{\mathrm{p}} y_{\mathrm{p}} + \sum_{i=1}^{N} A_i \zeta_i x_i\right) / A_{\mathrm{total}} \tag{6.41b}$$

其中，$(x_{\mathrm{p}}, y_{\mathrm{p}})$是由"关键点"相互连接所形成的多边形的质心；$(x_i, y_i)$是第 i 个圆弧顶部区域的质心。

3. 转动惯量

转动惯量是计算颗粒旋转运动的基本几何参数，可以通过以下公式计算：

$$I_m = \rho\left[A_{\mathrm{p}} r_{\mathrm{p}}^2 + \sum_{i=1}^{N} (A_i r_i^2 \zeta_i)\right] \tag{6.42}$$

式中，r_p 为多边形中心的极距，r_i 为第 i 个弧顶中心到质心的极距。

6.3.5 接触判定

与 6.2.2 节类似,首先利用颗粒的外接矩形包围盒(axis-aligned bounding box,AABB)进行全局接触判定。对于一对候选颗粒 P^A 和 P^B 的边界框可以分别定义为 $(x_{\min}^A , x_{\max}^A , y_{\min}^A , y_{\max}^A)$ 和 $(x_{\min}^B , x_{\max}^B , y_{\min}^B , y_{\max}^B)$,如果满足

$$\left.\begin{array}{c}(x_{\max}^A - x_{\min}^B)(x_{\min}^A - x_{\max}^B) \\ (y_{\max}^A - y_{\min}^B)(y_{\min}^A - y_{\max}^B)\end{array}\right\} < 0 \tag{6.43}$$

则这两个颗粒存在接触的可能,需要进行下一步的判断;否则这两个颗粒不可能接触。

对于存在潜在接触可能的两个颗粒 A 和 B,需进行第二阶段的接触判定,详细步骤如下:

(1)首先检查两个圆弧所属圆之间的重叠状态。如果整圆 PC_1^A 和 PC_1^B 之间不重叠,则认为圆弧 Arc_1^A 和 Arc_1^B 为非重叠弧对,如图 6.40(a)所示;反之,则认为圆弧 Arc_3^A 和 Arc_1^B 为重叠弧对,并计算交点,如图 6.40(b)所示。

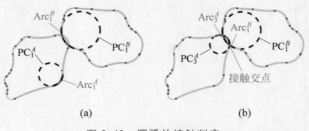

(a)   (b)

图 6.40 圆弧的接触判定

(a)非重叠弧对;(b)重叠弧对

(2)检查两个交点是否在圆弧上。如果两个交点在两条弧上,则将其确定为一个接触,如图 6.41(a)所示。如果任意一条弧上不存在交点,则两条弧不重叠,判断为无接触,如图 6.41(b)所示。如果两条弧上只有一个交点,则两条弧仅在一点相交,两个圆弧的相交部分存在一个接触,如图 6.41(c)所示。然后需要搜索它们相邻弧之间的重叠条件,找到接触的下一个交点。

6.3.6 接触力计算

在接触判定结束之后,对于发生接触的两个颗粒而言,可以进行交点距离、重叠深度、重叠面积、接触力作用点和接触方向等几何量的求解,具体如下:

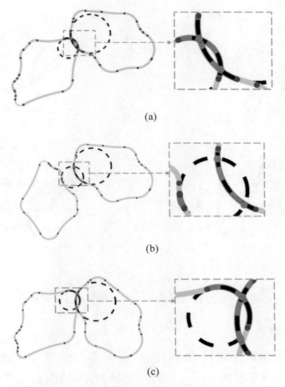

图 6.41 判断圆弧的公共交点

(a) 两个公共交点；(b) 无公共交点；(c) 一个公共交点

1. 交点距离

交点距离 b_w 为相交线段 $\overline{QP}$ 的长度，如图 6.42(b) 所示。交点距离是计算接触力作用点和接触切线方向的重要接触几何量。

2. 重叠深度

重叠深度 d 为重叠线段 $\overline{EF}$ 的长度。如图 6.42(c) 所示，重叠深度 d 的确定方法为：①在相交线段 $\overline{QP}$ 中点 $M_{\overline{QP}}$ 处作垂线；②确定垂线与接触轮廓的交点 E 和 F；③连接交点得到线段 $\overline{EF}$，其长度即为重叠深度。

3. 重叠面积

重叠面积也是用于计算接触力的重要接触几何量，如图 6.42(d) 所示。由于重叠区域是拟合圆弧的相交区域，因此，可以使用与计算颗粒面积相同的方法计算重叠面积。

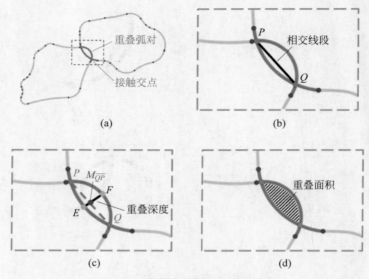

图 6.42　颗粒各接触几何量示意图

(a) 重叠弧对；(b) 相交线段；(c) 重叠深度；(d) 重叠面积

4.接触力作用点

对于每个颗粒-颗粒或颗粒-墙体接触,都需要一个参考接触点来确定接触力的作用位置。在 ArcDEM 中引入了三种类型的参考接触点。如图 6.43(a)所示,A 类参考接触点为相交线段的中点。由于其计算较为简单,因此许多现有的 DEM 算法采用此类参考接触点。然而,当模拟的颗粒形状较为复杂时(如 6.2.3 节所述),则 A 类参考接触点不适用于处理重叠区域呈凹形的接触场景,如图 6.43(b)、(c)所示。因此,ArcDEM 提供了 B 类参考接触点,即与相交线段中点垂直相交的重叠线段的中点,如图 6.44 所示。虽然在一定场景下,B 类定义可以克服 A 类定

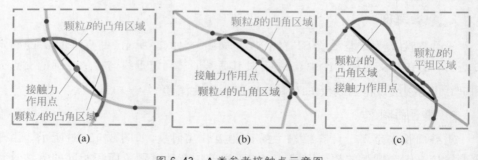

图 6.43　A 类参考接触点示意图

(a) 凸角-凸角接触；(b) 凸角-凹角接触；(c) 不对称重叠区域

义的一些不足,但当遇到特定的特殊接触场景时,如重叠区域几何形状不对称时,该定义仍无法捕获准确的接触特征,如图 6.44(c)所示。因此,在 ArcDEM 中,定义了 C 类参考接触点为重叠区域的质心,如图 6.45 所示。与 A 类和 B 类定义相比,C 类参考接触点确定的接触点位置更合理,但缺点是计算成本更高。在 ArcDEM 中,用户可以根据需要灵活选择三种定义来确定颗粒之间的接触力作用点。

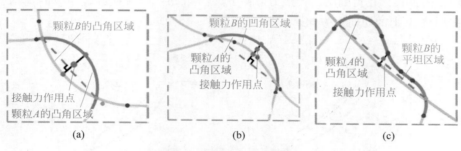

图 6.44 B 类参考接触点示意图

(a)凸角-凸角接触;(b)凸角-凹角接触;(c)不对称重叠区域

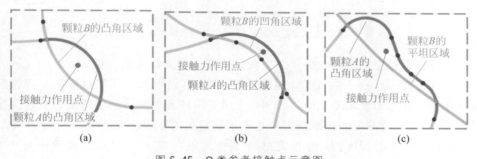

图 6.45 C 类参考接触点示意图

(a)凸角-凸角接触;(b)凸角-凹角接触;(c)不对称重叠区域

5. 接触方向

接触方向包括接触法线方向和接触切线方向,ArcDEM 中提供了两种接触方向的定义。第一种是基于相交线段的方法,该方法假设接触切线方向平行于相交线段,接触法线方向垂直于相交线段,如图 6.46(a)所示。第二种是基于拟合圆弧法向量的方法,该方法假设接触部分中拟合圆弧的主法向量为接触法线方向,接触切线方向垂直于接触法线方向。以图 6.46(b)为例,作用在颗粒 A 上的法向接触力方向计算如下:

$$n^A = \Big[\sum_{i=1}^{N_{arc}^A} (-\boldsymbol{l}_i^A w_i^A) + \sum_{i=1}^{N_{arc}^B} (\boldsymbol{l}_i^B w_i^B) \Big] \Big/ \Big\| \sum_{i=1}^{N_{arc}^A} (-\boldsymbol{l}_i^A w_i^A) + \sum_{i=1}^{N_{arc}^B} (\boldsymbol{l}_i^B w_i^B) \Big\|$$

$$(6.44)$$

式中，$\boldsymbol{l}_i^A$ 和 $\boldsymbol{l}_i^B$ 为颗粒 A 和颗粒 B 上接触部分的第 i 个圆弧的外法向量；N_{arc}^A 和 N_{arc}^B 为颗粒 A 和颗粒 B 接触部分的圆弧数量；w_i^A 和 w_i^B 为颗粒 A 和颗粒 B 第 i 个圆弧的弧长。在得到法向接触力方向 n^A 后，将 n^A 顺时针旋转 $90°$ 即可得到作用在颗粒 A 上的切向力方向 t^A。

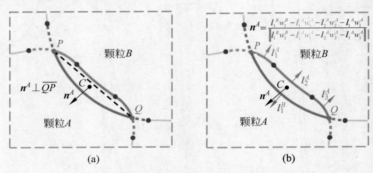

图 6.46 确定接触方向的两种方法

(a) 基于相交线段确定接触方向；(b) 基于圆弧法向量确定接触方向

非规则颗粒之间接触时的法向接触力计算法则并没有统一的定义。与 Level-set DEM 和 Fourier-series DEM 相比，ArcDEM 可以根据不同接触法则来模拟非规则颗粒。在当前版本的 ArcDEM 中，采用了两种典型的接触法则来计算法向接触力，即基于重叠深度的接触法则和基于重叠面积的接触法则。

虽然基于重叠深度的接触法则对圆-圆接触很有效，但当重叠区域的相交宽度不同但重叠深度相同时，该接触法则无法有效区分这种接触情况。如图 6.47 所示，尖角（小曲率半径）和圆角（大曲率半径）颗粒与墙体的接触具有相同的重叠深

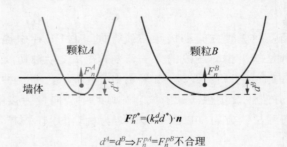

$$\boldsymbol{F}_n^{p*} = (k_n^d d^*) \cdot \boldsymbol{n}$$

$$d^A = d^B \Rightarrow F_n^{pA} = F_n^{pB} \text{不合理}$$

图 6.47 重叠深度相同而重叠面积不同的接触示意图

度,此时如果采用基于重叠深度的接触法则,计算得到的接触力是相同的,显然这是不合理的。基于重叠面积的接触法则是 Polygon-based DEM 代码中最常用的接触模型之一[12-15]。它假定法向接触力与接触处的重叠面积成正比,其参考接触点为重叠区域的质心。与基于重叠深度的接触法则相比,基于重叠面积的接触法则可以反映法向接触力与重叠深度之间的非线性关系,可以体现接触部分几何形状对非线性力-位移关系的影响。但是这些传统的接触模型可能存在弹性冲击能量增加的问题,从而造成潜在的数值不稳定性[16]。

6.3.7　分析实例

ArcDEM 采用 Julia 进行编码,以提高计算效率[17-18]。为了证明该方法模拟真实颗粒的有效性和适用性,本小节给出几个数值模拟案例。

1. ArcDEM 与 Clump-based DEM 的比较

Clump-based 离散元模型是用于许多现有 DEM 代码进行非规则颗粒材料模拟的常用模型。因此,将 ArcDEM 型与 Clump-based DEM 的颗粒模型进行比较验证具有一定的实际意义。

1) 所需子元素数量的比较

Clump-based DEM 与 ArcDEM 都旨在复现与真实颗粒形状相似的虚拟颗粒轮廓。Clump-based DEM 可以通过较大的 φ 值和较小的 α 值来提高近似精度,而 ArcDEM 由于能够将凸弧和凹弧拟合到颗粒轮廓中,因此复现的颗粒形状始终非常准确。图 6.48 展示了使用这两种方法得到凸角、凹角和平坦区域所需的子元素数量。从图中可以看出,ArcDEM 用于描述凹角和平滑轮廓的子元素数量明显更少。

通过 Clump-based DEM 和 ArcDEM 生成一系列具有不同磨圆度和圆形度的颗粒轮廓,原始颗粒轮廓来源于 Krumbein's chart(见 1.2.2 节),如图 6.49(a)、(b)所示。经过参数的精细调整,基于 Clump-based DEM 可以较高精度地复现颗粒的几何形状,包括颗粒面积、圆形度和磨圆度。由于两种算法得到的颗粒形状都具有较高精度,因此可以在同等基础上比较其效率。图 6.49(c)和(d)比较了两种方法所需的子元素(即圆和圆弧)的数量。从图中可以看出,当颗粒的圆形度和磨圆度变大时,Clump-based DEM 模型的圆形子元素数量显著减少。然而,ArcDEM 的圆弧子元素数量对磨圆度和圆形度的敏感性相对较低。一般而言,与 Clump-based DEM 模型相比,ArcDEM 需要的子元素数量明显更少(为它的 1/3~1/5)。由此推断,ArcDEM 还原颗粒形状需要的计算内存更小,因此在模拟任意形状的真实颗粒时,ArcDEM 比 Clump-based DEM 数值性能更强。

2) 接触判定计算时间的比较

为了比较两种方法在接触判定阶段的时间计算成本,使用 Clump-based DEM

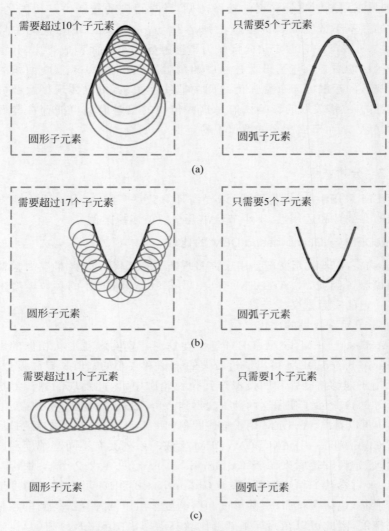

图 6.48　两种算法拟合颗粒轮廓不同区域所需子元素数量的对比

（a）凸角区域；（b）凹角区域；（c）平坦区域

和 ArcDEM 进行四组接触判定测试。首先，生成一定数量的非规则颗粒，并用 Clump-based DEM 和 ArcDEM 来表征颗粒形状。然后，将颗粒按顺序投放到满足 $L=2W=20D$ 的样本域中（D 为颗粒粒径）。在每次投放中，两种方法都会对现有颗粒和投放颗粒之间的接触进行判定。最后，当所有颗粒随机投放完毕后，比较 Clump-based DEM 和 ArcDEM 在颗粒投放期间进行接触判定所需要的总持续时间。此外，颗粒形状主要由傅里叶幅值系数控制，即 D_2、D_3 和 D_8。共进行了四组

磨圆度	0.1	0.3	0.9
Clump-based DEM			
子元素数量	98	93	73
ArcDEM			
子元素数量	21	17	16

圆形度	0.3	0.5	0.7
Clump-based DEM			
子元素数量	66	58	47
ArcDEM			
子元素数量	14	13	12

(a)　　　　　　　　　　　　(b)

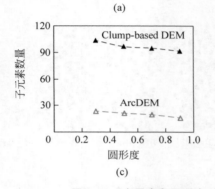
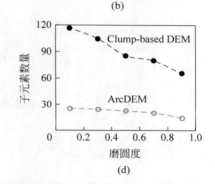

(c)　　　　　　　　　　　　(d)

图 6.49　磨圆度和圆形度对两种算法所需子元素数量的影响

(a) 不同磨圆度的颗粒；(b) 不同圆形度的颗粒；

(c) 圆形度对子元素数量的影响；(d) 磨圆度对子元素数量的影响

接触判定测试。第一组旨在评估固体百分比不同而颗粒形状保持相似($D_2 = 0.025, D_3 = 0.12, D_8 = 0.0$)的非规则形状颗粒的接触判定持续时间，即 $P_s = 5\%$，$10\%, 15\%, 20\%, 25\%$ 和 30%。第二组侧重于固体百分比相同($P_s = 30\%$)但细长度不同的非规则颗粒($D_2 = 0.025 \sim 0.30, D_3 = 0.02, D_8 = 0.0$)。第三组和第四组比较了磨圆度($D_3 = 0.02 \sim 0.24, D_2 = 0.025, D_8 = 0.0$)和粗糙度($D_8 = 0.01 \sim 0.12, D_2 = 0.025, D_3 = 0.02$)对接触判定持续时间的影响。示例模型的计算结果和时间 t 如图 6.50 所示。

从图 6.50(a)中可以看出，随着固体颗粒百分比 P_s 的增加，两种方法将非规则颗粒投放到样本域中的计算时间 t 将持续增加。但是，ArcDEM 的计算时间增幅明显小于 Clump-based DEM。这表明，当需要进行大量的接触判定时，ArcDEM 的计算效率比 Clump-based DEM 明显更高。颗粒形状(D_2、D_3 和 D_8)对计算时间的影响如图 6.50(b)~(d)所示。可以看出，在两种方法中，D_2、D_3 和 D_8 都与接触判定持续时间的大小呈正相关。该结果表明，当模拟更复杂的颗粒形状时，ArcDEM 方法计算效率更高。在这三个形状指标中，由傅里叶幅值系数 D_8 控制的颗粒粗糙度对计算效率的影响最大，而由 D_2 控制的细长度的影响最小。

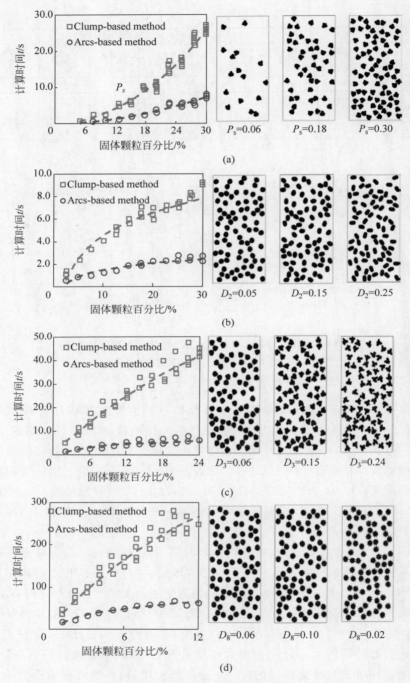

图 6.50　两种算法接触判定时间的比较

（a）固体颗粒百分比的影响；（b）幅值系数 D_2 的影响；（c）幅值系数 D_3 的影响；（d）幅值系数 D_8 的影响

2. 在真实颗粒模拟中的应用

为了表明 ArcDEM 在模拟真实形状颗粒中的适用性,对具有不同磨圆度的碎石颗粒进行了一系列模拟。这里选取了洛杉矶磨耗试验中所用到的真实颗粒进行模拟,颗粒的数字图像见图 4.14。

1) 随机堆积试验

使用 ArcDEM 程序,对获得的尺寸相同($d=200\text{mm}$)但磨圆度不同($R_d^{2D}=0.1,R_d^{2D}=0.3,R_d^{2D}=0.5$)的真实形状颗粒进行随机堆积模拟。为了平衡精度和效率,参考接触点的定义选择 C 类参考接触点,法向接触力的计算采用基于重叠深度的接触法则,颗粒的密度为 2700kg/m^3,法向和剪切接触刚度均设置为 10^7N/m,局部阻尼系数设置为 0.7。为了研究颗粒的堆积特征与颗粒间摩擦系数的演变趋势,颗粒间摩擦系数 μ 设置为从 0~1.0 变化。图 6.51(a)~(c)展示了不同磨圆度颗粒随机堆积的近景图,可以看出,颗粒越尖锐,堆积越松散,接触力链越复杂。图 6.52(a)~(c)定量分析了孔隙比、平均接触总数和平均配位数等随颗粒间摩擦系数的变化特征。可以看出,对于所有试样,孔隙比与颗粒间摩擦系数呈正相关;而当颗粒间摩擦系数变大时,平均接触总数和平均配位数显著降低。这表明颗粒磨圆度不影响堆积特征与颗粒间摩擦的关系趋势。此外,$R_d^{2D}=0.1$ 和 $R_d^{2D}=0.3$ 条件下颗粒间的孔隙比差异比 $R_d^{2D}=0.3$ 和 $R_d^{2D}=0.5$ 条件下颗粒间的差异更显著。这表明当磨圆度较小时,颗粒棱角对孔隙比的影响更大。此外,当堆积包含较多圆形颗粒时,其平均接触总数较低,但平均配位数较高。这是因为相较于尖锐颗粒而言,圆润颗粒在其相邻颗粒之间的角-角和角-边接触更少,而角-角较多可能导致模拟的颗粒磨圆度较低并形成较松散的颗粒间堆积结构。

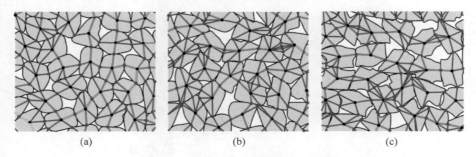

图 6.51 不同磨圆度颗粒的接触力链图

(a) $R_d^{2D}=0.1$; (b) $R_d^{2D}=0.3$; (c) $R_d^{2D}=0.5$

2) 休止角试验

休止角可以用来校准 DEM 中的颗粒间摩擦系数。在 ArcDEM 中对休止角进行数值模拟的过程如图 6.53 所示。首先,将 $d=200\text{mm}$ 的真实颗粒依次添加到

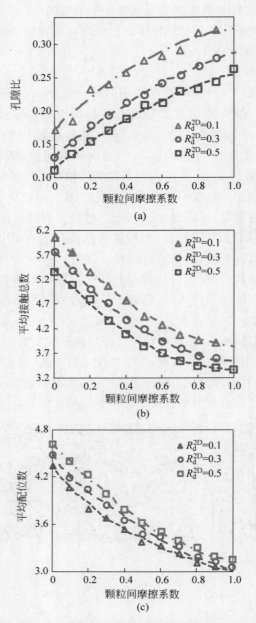

图 6.52 不同堆积特征随颗粒间摩擦系数的变化曲线

（a）孔隙比；（b）平均接触总数；（c）平均配位数

容器左侧来制备初始数值试样,容器左侧由两个虚拟侧壁和一个底壁组成。此时,为了保证填充条件相对致密,将接触摩擦系数均设置为 0。在模拟过程中将颗粒间的接触摩擦系数设置为特定值,然后快速抬起试样右侧的模拟挡板,随后颗粒将在重力作用下崩塌滑落,并形成倾斜的斜坡,斜坡的倾斜度即为休止角。

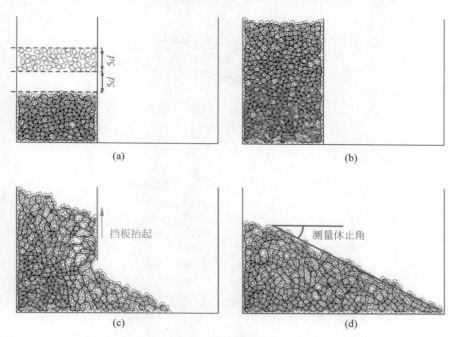

图 6.53 休止角试验模拟

(a)颗粒沉积;(b)试样初始状态;(c)颗粒崩塌过程;(d)稳定状态

颗粒在崩塌过程中平均配位数的变化如图 6.54(a)所示。试验结果表明,平均配位数随着模拟时间的增加而显著下降。当颗粒堆积稳定时,平均配位数略有增加,颗粒间摩擦力较大的试样其平均配位数也较大。颗粒在崩塌过程中累积旋转位移的变化如图 6.54(b)所示,从图中可以看出累积旋转位移在崩塌过程中逐渐增加,在颗粒堆积稳定时,累积旋转位移达到峰值。颗粒的休止角随磨圆度的变化如图 6.54(c)所示,从图中可以看出,颗粒间摩擦系数和磨圆度对休止角均有显著影响,磨圆度较大(颗粒越圆润)且颗粒间摩擦系数较小的颗粒堆积形成的休止角较小。这是因为尖锐颗粒的滚动阻力较大,而颗粒间摩擦系数较小会导致相邻颗粒之间更容易产生滑动。

3)双轴剪切试验

利用 ArcDEM 对 $R_d^{2D}=0.1$、$R_d^{2D}=0.3$、$R_d^{2D}=0.5$ 的三种颗粒集合体进行了双轴剪切试验,其数值程序分为三个主要步骤:①真实颗粒的随机生成。在由四

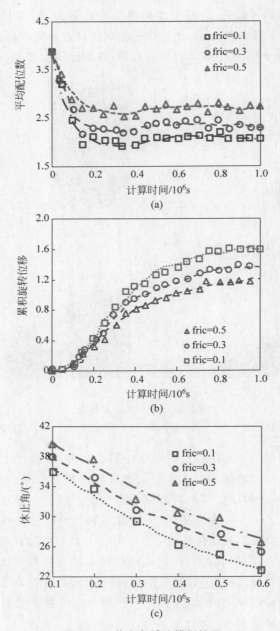

图 6.54   休止角试验模拟结果

（a）平均配位数的变化；（b）累积旋转位移的变化曲线；（c）休止角随磨圆度的变化曲线

个刚性墙体组成的矩形容器中随机生成具有真实颗粒几何形态的颗粒模型,每个试样由约 5000 个颗粒组成,粒径分布范围 $d=160\sim240\mathrm{mm}$,平均粒径 $d_{\mathrm{ave}}=200\mathrm{mm}$;②试样的等向压缩固结。此阶段,颗粒间摩擦系数和重力加速度都设置为零,试样的预设固结围压(200kPa)通过伺服机制实现,如图 6.55(a)所示;③试样的双轴压缩剪切。在双轴剪切阶段,试样的顶部和底部墙体以恒定的速率朝着彼此移动,以实现轴向加载,两个侧墙通过伺服机制单独移动,以保证围压不变。加载至轴向应变为 25% 时的试样如图 6.55(b)所示。

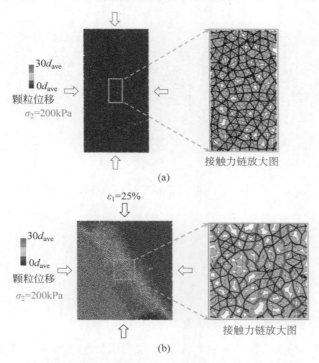

图 6.55　双轴剪切试验中不同加载情况下的试样
(a) 等向固结后的试样;(b) 轴向应变为 25% 时的试样

　　根据模拟结果绘制了各个试样的应力比(q/p)演化曲线和体积应变曲线,如图 6.56 所示。由应力比发展曲线可以看出,不同磨圆度的颗粒试样发展趋势相似,都发生了应变软化现象,并且随着磨圆度的降低,应力比演化曲线逐渐升高。由体变发展曲线可以看出,所有试样均表现出剪胀特性,并在轴向应变为 15%~25% 时达到临界状态,并且随着磨圆度的降低,体变曲线逐渐升高,这表明磨圆度越小(颗粒越尖锐)试样的剪胀性越大。

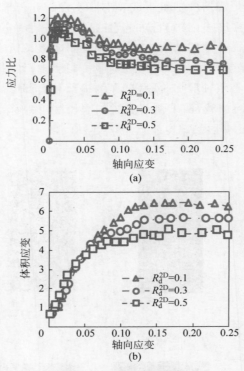

图 6.56　双轴剪切试验模拟结果

（a）应力比发展曲线；（b）体变发展曲线

6.4　三维星形颗粒离散元模拟方法

针对三维星形颗粒,本节介绍一种基于球谐函数表征颗粒表面的离散元模拟方法——SHDEM[19]。其具体原理和相应的数值模拟示例详细介绍如下。

6.4.1　坐标系与欧拉角的约定

为描述三维颗粒运动,须仔细区分几个坐标系,如图 6.57 所示。第一个是全局笛卡儿坐标系(用 S^s 表示),该坐标系是一个任意的右手坐标系,固定在空间的某个位置。第二个是局部笛卡儿坐标系(用 S^c 表示),该坐标系的原点与颗粒质心重合并且坐标轴与全局笛卡儿坐标系平行,此坐标系设立的目的是将颗粒的平动和复杂的转动分开,颗粒在此坐标系下只发生转动。第三个是固定于颗粒上的本体坐标系(用 S^f 表示),该坐标系的原点与颗粒质心重合并且坐标轴与颗粒的主惯性轴重合,此坐标系设立的目的是使颗粒的转动方程变得更加简洁。坐标系 S^f 可通过坐标系 S^c 旋转三个角度(欧拉角)得到,由于欧拉角的定义并不唯一,在本书中关于欧拉角的约定采用 y 约定:为了将 S^c 旋转至 S^f,首先 S^c 围绕其 z 轴旋转 Φ,得到第一个中间状态,然后这个中间状态围绕其 y 轴旋转 Θ,得到第二个中间状态,最后第二个中间状态再次围绕其 z 轴旋转 Ψ,至此坐标系 S^c 与 S^f 重合。颗粒在任意时刻的位置与方向可用 6 个值描述:颗粒质心的三个坐标和三个欧拉角 Φ、Θ 和 Ψ。据此可得出坐标系 S^c 与 S^f 的转换矩阵 $\boldsymbol{A}$ 如下:

$$
\boldsymbol{A} = \begin{pmatrix} \cos\Psi\cos\Theta\cos\Phi - \sin\Psi\sin\Phi & \cos\Psi\cos\Theta\sin\Phi + \sin\Psi\cos\Phi & -\cos\Psi\sin\Theta \\ -\sin\Psi\cos\Theta\cos\Phi - \cos\Psi\sin\Phi & -\sin\Psi\cos\Theta\sin\Phi + \cos\Psi\cos\Phi & \sin\Psi\sin\Theta \\ \sin\Theta\cos\Phi & \sin\Theta\sin\Phi & \cos\Theta \end{pmatrix}
$$

$$(6.45)$$

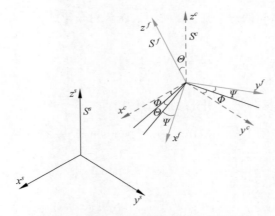

图 6.57　SHDEM 中坐标系与欧拉角的约定

假设某一点的矢径 $\boldsymbol{r}$ 和某一矢量 $\boldsymbol{u}$ 在坐标系 S^s、S^c、S^f 中分别表达为 $\boldsymbol{r}^s$、$\boldsymbol{r}^c$、$\boldsymbol{r}^f$ 和 $\boldsymbol{u}^s$、$\boldsymbol{u}^c$、$\boldsymbol{u}^f$,则它们之间的转换关系如下:

$$
\begin{cases} \boldsymbol{r}^c = \boldsymbol{r}^s - \boldsymbol{c}^s \\ \boldsymbol{r}^f = \boldsymbol{A}\boldsymbol{r}^c \\ \boldsymbol{u}^c = \boldsymbol{u}^s \\ \boldsymbol{u}^f = \boldsymbol{A}\boldsymbol{u}^c \end{cases}
$$

$$(6.46)$$

其中 $\boldsymbol{c}^s$ 为颗粒质心在全局坐标系 S^s 下的矢径。值得注意的是,坐标系 S^c 与颗粒质心位置 $\boldsymbol{c}^s$ 有关,坐标系 S^f 与欧拉角 Φ、Θ 和 Ψ 有关,因此这两个坐标系将随着颗粒和时间的变化而变化,而坐标系 S^s 与颗粒、时间无关。以下计算中所涉及的矢量、矢径,如无特别说明,均默认在坐标系 S^s 下进行计算。

6.4.2 颗粒的质量与惯量张量

首先采用 3.3 节所述方法对三维非规则星形颗粒在坐标系 S^f 下进行重构,颗粒表面可以表示成一系列球谐函数的叠加,即

$$r(\theta,\varphi) = \sum_{n=0}^{N} \sum_{m=-n}^{n} a_n^m Y_n^m(\theta,\varphi) \tag{6.47}$$

式中,N 为所用球谐基函数的总阶数;$Y_n^m(\theta,\varphi)$ 表示阶数为 n、次数为 m 的球谐基函数;a_n^m 为球谐基函数 $Y_n^m(\theta,\varphi)$ 对应的系数,系数总数为 $(n+1)^2$。假设颗粒密度为 ρ,则颗粒质量可通过下式计算:

$$m = \frac{1}{3}\rho \int_0^\pi \int_0^{2\pi} r(\theta,\varphi)^3 \sin\theta \, d\varphi d\theta \tag{6.48}$$

在坐标系 S^f 下,颗粒的惯量张量 $\boldsymbol{I}$ 可以表示为对角矩阵:

$$\boldsymbol{I} = \begin{bmatrix} I_{xx} & & \\ & I_{yy} & \\ & & I_{zz} \end{bmatrix} \tag{6.49}$$

其中,I_{xx}、I_{yy}、I_{zz} 可以通过积分的形式计算:

$$\begin{cases} I_{xx} = \dfrac{1}{5}\rho \int_0^\pi \int_0^{2\pi} r(\theta,\varphi)^5 \sin\theta \left[(\sin\theta\sin\varphi)^2 + (\cos\theta)^2\right] d\varphi d\theta \\[3mm] I_{yy} = \dfrac{1}{5}\rho \int_0^\pi \int_0^{2\pi} r(\theta,\varphi)^5 \sin\theta \left[(\sin\theta\cos\varphi)^2 + (\cos\theta)^2\right] d\varphi d\theta \\[3mm] I_{zz} = \dfrac{1}{5}\rho \int_0^\pi \int_0^{2\pi} r(\theta,\varphi)^5 (\sin\theta)^3 \, d\varphi d\theta \end{cases} \tag{6.50}$$

6.4.3 接触判定

与二维星形颗粒类似,首先利用颗粒的外接矩形包围盒进行全局接触判定。三维非规则颗粒的边界 $(x_{\max}, x_{\min}, y_{\max}, y_{\min}, z_{\max}, z_{\min})$ 如图 6.58 所示。将两个相邻颗粒中体积较大者标记为主颗粒(master grain,MG),体积较小者标记为从颗粒(slave grain,SG),它们的外接矩形包围盒的边界分别为 $(x_{\min}^M, x_{\max}^M, y_{\min}^M, y_{\max}^M, z_{\min}^M, z_{\max}^M)$ 和 $(x_{\min}^S, x_{\max}^S, y_{\min}^S, y_{\max}^S, z_{\min}^S, z_{\max}^S)$,如果满足

$$(x_{\max}^S - x_{\min}^M)(x_{\min}^S - x_{\max}^M) < 0 \tag{6.51a}$$

$$(y_{\max}^S - y_{\min}^M)(y_{\min}^S - y_{\max}^M) < 0 \tag{6.51b}$$

$$(z_{\max}^S - y_{\min}^M)(z_{\min}^S - z_{\max}^M) < 0 \tag{6.51c}$$

则这两个颗粒存在接触的可能,需要进行下一步的判断;否则这两个颗粒不可能接触。

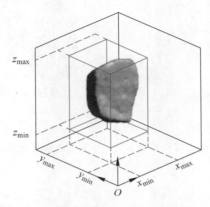

图 6.58 笛卡儿坐标下三维星形颗粒的外接包围盒(AABB)示例

对于满足式(6.51)的两个颗粒,采用点-面接触算法(node-to-surface approach, NSA)进行第二阶段的接触判定。详细步骤如下:

(1) 确定两个颗粒的外接球相交区域,并以该区域作为潜在的接触区域,如图 6.59 所示。

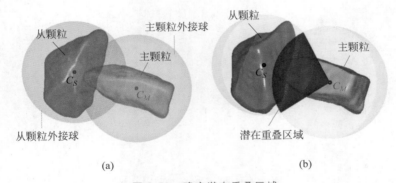

图 6.59 确定潜在重叠区域
(a) 主颗粒和从颗粒的外接球;(b) 潜在重叠区域

(2) 将潜在接触区域内的主颗粒表面离散为一定数量的三角网格曲面(如图 6.60 所示),三角网格的顶点 Q_i 所对应的矢径用 r_i^Q 表示,下标 i 代表第 i 个点。

(3) 首先根据式(6.46)进行坐标转换,将 r_i^Q 转换至从颗粒所对应的坐标系 S^f 下进行表达,得到 $r_i^{Q'}$,此时顶点 Q_i 到从颗粒质心的距离即为 $\| r_i^{Q'} \|$,用 $r_i^M(\theta_i, \varphi_i)$ 表示。然后通过式(3.10)得到顶点 Q_i 所对应的球坐标 (θ_i, φ_i),代入

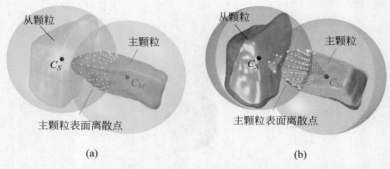

图 6.60　潜在重叠区域内主颗粒表面离散点示例

(a) 全空间视图；(b) 半空间视图

式(6.47)即可得到与顶点 Q_i 具有相同球坐标 (θ_i,φ_i) 的在从颗粒表面上的顶点 P_i 的极径，用 $r_i^S(\theta_i,\varphi_i)$ 表示。如果满足

$$r_i^M(\theta_i,\varphi_i)-r_i^S(\theta_i,\varphi_i)<0 \qquad (6.52)$$

则顶点 Q_i 位于从颗粒内，从颗粒与主颗粒相交，如图 6.61(b)所示；反之，如果潜在接触区域内主颗粒的所有顶点都不满足式(6.52)，则两个颗粒不接触，如图 6.61(a)所示。

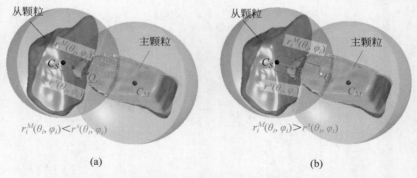

图 6.61　主颗粒离散点 Q_i 相对于从颗粒表面的位置

(a) Q_i 在从颗粒外部；(b) Q_i 在从颗粒内部

6.4.4　接触力作用点及方向

在接触判定结束之后，对于发生接触的主颗粒与从颗粒而言，可以利用主颗粒上的穿透顶点 Q_i 的矢径 $\boldsymbol{r}_i^Q$ 与从颗粒上对应顶点 P_i 的矢径 $\boldsymbol{r}_i^P$ 来计算接触力作用点坐标 C_i 的矢径 $\boldsymbol{r}_i^C$、接触法向量 $\boldsymbol{n}_i$ 以及重叠体积 V_i。

1. 接触力作用点 C_i

如图 6.62 所示,穿透点 Q_i 和 P_i 的中点为局部重叠区域的接触力作用点 C_i,即

$$r_i^C = (r_i^Q + r_i^P)/2 \tag{6.53}$$

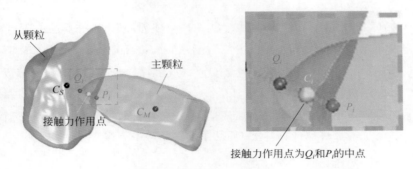

图 6.62 接触力作用点示意图

2. 接触法向量 n_i

如图 6.63 所示,接触法向量 n_i 可通过主颗粒表面顶点 Q_i 的外法向量 n_i^Q 与从颗粒表面顶点 P_i 的内法向量 n_i^P 之和来定义,即

$$n_i = \frac{n_i^Q + n_i^P}{\| n_i^Q + n_i^P \|} \tag{6.54}$$

式中,n_i^Q 为主颗粒上顶点 Q_i 的外法向量;n_i^P 为从颗粒上顶点 P_i 的内法向量。颗粒表面顶点的外法向量可通过下式计算:

$$n(\theta,\varphi) = A^{-1}\left(-\frac{\partial R(\theta,\varphi)}{\partial \theta} \times \frac{\partial R(\theta,\varphi)}{\partial \varphi}\right) \tag{6.55}$$

其中,$R(\theta,\varphi)$ 为顶点的位置向量,在坐标系 S^f 中表示为

$$R(\theta,\varphi) = [r(\theta,\varphi)\cos\theta\cos\varphi, r(\theta,\varphi)\cos\theta\sin\varphi, r(\theta,\varphi)\sin\theta] \tag{6.56}$$

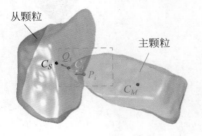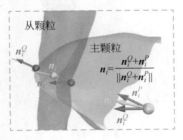

图 6.63 接触法向量示意图

值得注意的是,按此定义计算的法向量方向为主颗粒指向从颗粒所在一侧。

3. 重叠体积 V_i

如图 6.64 所示,重叠体积 V_i 可以通过以下公式计算:

$$V_i = \frac{1}{3} \sum V_{P_i P_i^k P_i^{k+1} Q_i Q_i^k Q_i^{k+1}} \tag{6.57}$$

其中,(Q_i^k, Q_i^{k+1}) 是主颗粒表面顶点 Q_i 的"一环邻域"上的采样点,关于"一环邻域"的定义可参考文献[20];(P_i^k, P_i^{k+1}) 为从颗粒表面顶点 P_i 的"一环邻域"上的采样点。任意两个邻域点 Q_i^k (或 P_i^k)、Q_i^{k+1} (或 P_i^{k+1}) 与 Q_i (或 P_i) 可形成一个局部的三角面片,见图 6.64(c)。$V_{P_i P_i^k P_i^{k+1} Q_i Q_i^k Q_i^{k+1}}$ 是由 6 个顶点组成的多面体的体积,由于每一个三角面片对应三个离散顶点,导致在计算过程中每一个多面体体积 $V_{P_i P_i^k P_i^{k+1} Q_i Q_i^k Q_i^{k+1}}$ 都将被计算三次,所以在式(6.57)中需乘上 1/3 以消除重复计算的影响。

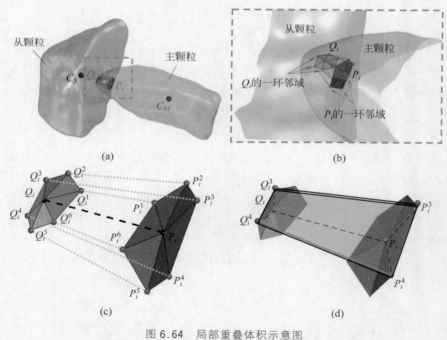

图 6.64　局部重叠体积示意图

(a) 颗粒视角下的重叠体积;(b) 局部重叠区域视角;

(c) 一环邻域采样点;(d) $V_{P_i P_i^k P_i^{k+1} Q_i Q_i^k Q_i^{k+1}}$ 示例

6.4.5 接触力计算

与二维星形颗粒的接触力计算类似,采用基于重叠体积的接触模型来计算法向接触力,主颗粒上顶点 Q_i 所对应的主颗粒对从颗粒的法向接触力定义如下:

$$F_{n,i}^S = k_n V_i \boldsymbol{n}_i \tag{6.58}$$

其中,k_n 为法向接触刚度。如果两个接触颗粒的材料特性不同,则 k_n 可以通过以下方式确定:

$$k_n = \frac{k_n^M k_n^S}{k_n^M + k_n^S} \tag{6.59}$$

其中,上角标 M 和 S 表示接触中的主颗粒和从颗粒。

根据作用力与反作用力定律,相应的从颗粒对主颗粒的法向接触力可按下式计算:

$$\boldsymbol{F}_{n,i}^M = -\boldsymbol{F}_{n,i}^S \tag{6.60}$$

切向接触力的计算采用库仑摩擦准则,假设当前时刻为 t 时刻,则上一时步中主颗粒相对于从颗粒在接触点 C_i 处的平均相对速度 $(\boldsymbol{v}_i^M)^{t-\frac{\Delta t}{2}}$ 为

$$(\boldsymbol{v}_i^M)^{t-\frac{\Delta t}{2}} = (\boldsymbol{v}^M)^{t-\frac{\Delta t}{2}} + (\boldsymbol{\omega}^M)^{t-\frac{\Delta t}{2}} \times (\boldsymbol{r}_i^C - \boldsymbol{c}^M)^{t-\Delta t} - (\boldsymbol{v}^S)^{t-\frac{\Delta t}{2}} - (\boldsymbol{\omega}^S)^{t-\frac{\Delta t}{2}} \times$$
$$(\boldsymbol{r}_i^C - \boldsymbol{c}^S)^{t-\Delta t} \tag{6.61}$$

式中,$(\boldsymbol{v}^M)^{t-\frac{\Delta t}{2}}$ 和 $(\boldsymbol{\omega}^M)^{t-\frac{\Delta t}{2}}$ 分别为主颗粒在 $t-\Delta t/2$ 时刻的平动速度和角速度;$(\boldsymbol{v}^S)^{t-\frac{\Delta t}{2}}$ 和 $(\boldsymbol{\omega}^S)^{t-\frac{\Delta t}{2}}$ 分别为从颗粒在 $t-\Delta t/2$ 时刻的平动速度和角速度,$(\boldsymbol{r}_i^C - \boldsymbol{c}^M)^{t-\Delta t}$ 和 $(\boldsymbol{r}_i^C - \boldsymbol{c}^S)^{t-\Delta t}$ 分别为接触点 C_i 在 $t-\Delta t$ 时刻相对于主颗粒和从颗粒质心的矢径。于是,主颗粒相对于从颗粒在上一时步中的相对位移增量为

$$\Delta \boldsymbol{u}_i = (\boldsymbol{v}_i^M)^{t-\frac{\Delta t}{2}} \Delta t \tag{6.62}$$

然后将相对位移增量 $\Delta \boldsymbol{u}_i$ 沿着当前 t 时刻法向量 $\boldsymbol{n}_i$ 的垂直方向进行分解,得到主颗粒相对于从颗粒在接触点 C_i 处的切向位移增量为

$$\Delta \boldsymbol{u}_{t,i} = \Delta \boldsymbol{u}_i - (\Delta \boldsymbol{u}_i \cdot \boldsymbol{n}_i) \boldsymbol{n}_i \tag{6.63}$$

最后,在当前 t 时刻,主颗粒对从颗粒在接触点 C_i 产生的切向接触力 $\boldsymbol{F}_{t,i}^S$ 计算公式为

$$\boldsymbol{F}_{t,i}^S = \frac{\boldsymbol{Z}\boldsymbol{F}_{t,i}^{S'}}{\|\boldsymbol{Z}\boldsymbol{F}_{t,i}^{S'}\|} \min\{\|\boldsymbol{Z}\boldsymbol{F}_{t,i}^{S'} + k_t \Delta \boldsymbol{u}_{t,i}\|, \mu \|\boldsymbol{F}_{n,i}^S\|\} \tag{6.64}$$

式中,$\boldsymbol{F}_{t,i}^{S'}$ 为颗粒在 $t-\Delta t$ 时刻的切向力;k_t 为切向接触刚度;μ 为颗粒间的摩擦系数;$\boldsymbol{Z}$ 为旋转矩阵,通过该矩阵可将 $t-\Delta t$ 时刻的法向量 $\boldsymbol{n}_{i,t-\Delta t}$ 旋转至当前时

刻的法向量 $\boldsymbol{n}_{i,t}$,其计算公式为

$$\boldsymbol{Z} = \cos\alpha \boldsymbol{E} + (1 - \cos\alpha)\boldsymbol{C}\boldsymbol{C}^{\mathrm{T}} + \sin\alpha \begin{pmatrix} 0 & -C_z & C_y \\ C_z & 0 & -C_x \\ -C_y & C_x & 0 \end{pmatrix} \qquad (6.65)$$

式中,α 为向量 $\boldsymbol{n}_{i,t-\Delta t}$ 与 $\boldsymbol{n}_{i,t}$ 之间的夹角;$\boldsymbol{E}$ 为单位矩阵;$\boldsymbol{C} = \boldsymbol{n}_{i,t-\Delta t} \times \boldsymbol{n}_{i,t}$,为旋转轴单位向量。

根据作用力与反作用力定律,从颗粒对主颗粒在接触点 C_i 的切向接触力为

$$\boldsymbol{F}_{t,i}^{M} = -\boldsymbol{F}_{t,i}^{S} \qquad (6.66)$$

对于非规则三维颗粒而言,法向接触力和切向接触力通常不会通过颗粒的质心,因此均会产生相对于颗粒中心的力矩。从颗粒对主颗粒的力矩 $\boldsymbol{M}_i^{M}$ 以及主颗粒对从颗粒的力矩 $\boldsymbol{M}_i^{S}$ 的计算公式分别为

$$\boldsymbol{M}_i^{M} = (\boldsymbol{r}_i^{C} - \boldsymbol{c}^{M}) \times (\boldsymbol{F}_{t,i}^{M} + \boldsymbol{F}_{n,i}^{M}) \qquad (6.67)$$

$$\boldsymbol{M}_i^{S} = (\boldsymbol{r}_i^{C} - \boldsymbol{c}^{S}) \times (\boldsymbol{F}_{t,i}^{S} + \boldsymbol{F}_{n,i}^{S}) \qquad (6.68)$$

6.4.6　运动方程

对于每个颗粒而言,其运动可以分为两个部分:平动和转动。平动方程遵循牛顿第二定律:

$$m \frac{\mathrm{d}\boldsymbol{v}}{\mathrm{d}t} = \boldsymbol{F} \qquad (6.69)$$

式中,m 为颗粒质量;$\boldsymbol{v}$ 为颗粒的平动速度;$\boldsymbol{F}$ 为作用在颗粒质心上的合力,可按下式计算:

$$\boldsymbol{F} = \sum_{i=1}^{N_c} (\boldsymbol{F}_{n,i} + \boldsymbol{F}_{t,i}) + \boldsymbol{F}^{b} + \boldsymbol{F}^{d} \qquad (6.70)$$

式中,N_c 为作用在颗粒上的接触点个数;$\boldsymbol{F}^{b}$ 为体力;$\boldsymbol{F}^{d}$ 为阻尼力。

合力矩 $\boldsymbol{M}$ 可根据下式计算:

$$\boldsymbol{M} = \sum_{i=1}^{N_c} \boldsymbol{M}_i + \boldsymbol{M}^{d} \qquad (6.71)$$

式中,N_c 为作用在颗粒上的接触点个数;$\boldsymbol{M}^{d}$ 为阻尼力矩。

为增强能量耗散,引入了局部阻尼和黏滞阻尼,其中局部阻尼力和阻尼力矩计算公式如下:

$$\begin{cases} \boldsymbol{F}^{d} = -\alpha \boldsymbol{F} \operatorname{sign}(\boldsymbol{F} \cdot \boldsymbol{v}^{t}) \\ \boldsymbol{M}^{d} = -\alpha \boldsymbol{M} \operatorname{sign}(\boldsymbol{M} \cdot \boldsymbol{\omega}^{t}) \end{cases} \qquad (6.72)$$

式中，α 为阻尼系数；$\boldsymbol{v}^t$ 和 $\boldsymbol{\omega}^t$ 分别为当前时步的颗粒平动速度和角速度；$\mathrm{sign}(x)$ 为符号函数，其定义为

$$\mathrm{sign}(x) = \begin{cases} +1, & x > 0 \\ -1, & x < 0 \\ 0, & x = 0 \end{cases} \tag{6.73}$$

黏滞阻尼是一种施加在颗粒接触处的阻尼，其作用是通过调节接触力来降低两个接触颗粒的相对速度。法向和切向黏滞阻尼力 F_n^d 和 F_t^d 由下式计算：

$$\begin{cases} F_n^d = 2\sqrt{\bar{m}k_n}\,\beta_n V_n \\ F_t^d = 2\sqrt{\bar{m}k_t}\,\beta_t V_t \end{cases} \tag{6.74}$$

式中，$\bar{m} = m^M m^S / (m^M + m^S)$，为两个接触颗粒的等效质量；$\beta_n$ 和 β_t 分别为法向和切向黏滞阻尼系数；V_n 和 V_t 分别为法向和切向相对速度。值得注意的是，黏滞阻尼力大小不能超过对应的接触力。

6.4.7 时间积分方法

时间积分也分为两个部分，即平动和转动。

1. 平动方程时间积分

假设颗粒在当前时刻 t 时的位置矢量为 $\boldsymbol{x}^t$，在上一时刻 $t - \Delta t$ 时的位置矢量为 $\boldsymbol{x}^{t-\Delta t}$，则颗粒在时刻 $t - \Delta t/2$ 时的平动速度 $\boldsymbol{v}^{t-\frac{\Delta t}{2}}$ 为

$$\boldsymbol{v}^{t-\frac{\Delta t}{2}} = \frac{\boldsymbol{x}^t - \boldsymbol{x}^{t-\Delta t}}{\Delta t} \tag{6.75}$$

在时刻 t 时的平动加速度可根据牛顿第二定律计算：

$$\boldsymbol{a}^t = \frac{\boldsymbol{F}}{m} \tag{6.76}$$

据此可算出颗粒在时刻 $t + \Delta t/2$ 时的平动速度 $\boldsymbol{v}^{t+\frac{\Delta t}{2}}$ 为

$$\boldsymbol{v}^{t+\frac{\Delta t}{2}} = \boldsymbol{v}^{t-\frac{\Delta t}{2}} + \boldsymbol{a}^t \Delta t \tag{6.77}$$

于是，颗粒在时刻 $t + \Delta t$ 时的位置矢量 $\boldsymbol{x}^{t+\Delta t}$ 为

$$\boldsymbol{x}^{t+\Delta t} = \boldsymbol{x}^t + \boldsymbol{v}^{t+\frac{\Delta t}{2}} \Delta t \tag{6.78}$$

2. 转动方程时间积分

假设颗粒在时刻 $t - \Delta t/2$ 时的角动量为 $\boldsymbol{L}^{t-\frac{\Delta t}{2}}$，在时刻 t 时的合力矩为 $\boldsymbol{M}^t$，则时刻 t 和 $t + \Delta t/2$ 时的角动量可以按下式计算：

$$\begin{cases} \boldsymbol{L}^t = \boldsymbol{L}^{t-\frac{\Delta t}{2}} + \boldsymbol{M}^t \dfrac{\Delta t}{2} \\[2mm] \boldsymbol{L}^{t+\frac{\Delta t}{2}} = \boldsymbol{L}^{t-\frac{\Delta t}{2}} + \boldsymbol{M}^t \Delta t \end{cases} \tag{6.79}$$

据此可算出颗粒在时刻 t 和 $t+\Delta t/2$ 时在坐标系 S^f 下的局部角速度 $\hat{\boldsymbol{\omega}}^t$ 和 $\hat{\boldsymbol{\omega}}^{t+\frac{\Delta t}{2}}$ 为

$$\begin{cases} \hat{\boldsymbol{\omega}}^t = \boldsymbol{I}^{-1} \boldsymbol{A}^t \boldsymbol{L}^t \\[2mm] \hat{\boldsymbol{\omega}}^{t+\frac{\Delta t}{2}} = \boldsymbol{I}^{-1} \boldsymbol{A}^t \boldsymbol{L}^{t+\frac{\Delta t}{2}} \end{cases} \tag{6.80}$$

式中，$\boldsymbol{A}^t$ 为在 t 时刻时由全局坐标系 S^s 到局部坐标系 S^f 的转换矩阵。局部角速度与欧拉角之间满足下式：

$$\begin{cases} \dot{\Phi} = -\hat{\omega}_x \dfrac{\cos\Psi}{\sin\Theta} + \hat{\omega}_y \dfrac{\sin\Psi}{\sin\Theta} \\[3mm] \dot{\Theta} = \hat{\omega}_x \sin\Psi + \hat{\omega}_y \cos\Psi \\[3mm] \dot{\Psi} = \hat{\omega}_x \dfrac{\cos\Psi\cos\Theta}{\sin\Theta} - \hat{\omega}_y \dfrac{\sin\Psi\cos\Theta}{\sin\Theta} + \hat{\omega}_z \end{cases} \tag{6.81}$$

式中，$\hat{\omega}_x$、$\hat{\omega}_y$、$\hat{\omega}_z$ 分别为坐标系 S^f 下局部角速度 $\hat{\omega}$ 的 x、y、z 分量；$\dot{\Phi}$、$\dot{\Theta}$、$\dot{\Psi}$ 分别为三个欧拉角的时间导数。

在计算得出欧拉角的时间导数后，即可采用与平动方程类似的时间积分方法得到每一时刻 t 所对应的欧拉角 Φ、Θ 和 Ψ。然而上述方程在数值求解过程中存在一个问题：当 $\Theta=0$，$\pm\pi$，$\pm 2\pi$，$\cdots$ 时，无法求解 $1/\sin\Theta$。为避免这一问题，一种广泛采用的方法是使用四元数 $\boldsymbol{q}=(q_0,q_1,q_2,q_3)$ 代替欧拉角表示颗粒方向，其各个分量之间满足关系式：

$$q_0^2 + q_1^2 + q_2^2 + q_3^2 = 1 \tag{6.82}$$

四元数与欧拉角的关系为

$$\begin{cases} q_0 = \cos\dfrac{\Theta}{2}\cos\dfrac{\Phi+\Psi}{2} \\[3mm] q_1 = \sin\dfrac{\Theta}{2}\sin\dfrac{\Phi-\Psi}{2} \\[3mm] q_2 = -\sin\dfrac{\Theta}{2}\cos\dfrac{\Phi-\Psi}{2} \\[3mm] q_3 = -\cos\dfrac{\Theta}{2}\sin\dfrac{\Phi+\Psi}{2} \end{cases} \tag{6.83}$$

在时刻 t 时，$\boldsymbol{q}^t$ 时间的变化率 $\dot{\boldsymbol{q}}^t$ 可由下式得出：

$$\begin{pmatrix} \dot{q}_0^t \\ \dot{q}_1^t \\ \dot{q}_2^t \\ \dot{q}_3^t \end{pmatrix} = \frac{1}{2} \begin{pmatrix} q_1^t & q_2^t & q_3^t \\ -q_0^t & -q_3^t & q_2^t \\ q_3^t & -q_0^t & -q_1^t \\ -q_2^t & q_1^t & -q_0^t \end{pmatrix} \cdot \begin{pmatrix} \hat{\omega}_x^t \\ \hat{\omega}_y^t \\ \hat{\omega}_z^t \end{pmatrix} \tag{6.84}$$

因此，颗粒在 $t+\Delta t/2$ 时刻的方向 $q^{t+\frac{\Delta t}{2}}$ 为

$$q^{t+\frac{\Delta t}{2}} = q^t + \dot{q}^t \frac{\Delta t}{2} \tag{6.85}$$

同理可得到在 $t+\Delta t/2$ 时的 $\dot{q}^{t+\frac{\Delta t}{2}}$，进而下一时步的颗粒方向 $q^{t+\Delta t}$ 为

$$q^{t+\Delta t} = q^t + \dot{q}^{t+\frac{\Delta t}{2}} \Delta t \tag{6.86}$$

据此，可根据 t 时刻的颗粒方向 q^t，显式计算得到下一时刻的颗粒方向 $q^{t+\Delta t}$，再根据式(6.83)反算出任意时刻颗粒所对应的欧拉角。

6.4.8　分析实例

1. 碎石颗粒休止角试验

我们首先进行了碎石颗粒休止角的室内试验测量，该试验在一个具有玻璃侧壁和石板底座的容器内进行，容器尺寸为宽 10cm、长 40cm、高 20cm，如图 6.65(a)所示。碎石颗粒的主要成分为花岗岩，平均粒径为 20mm。在试验过程中，将大约 300 个碎石颗粒倒入容器的右侧部分，然后在颗粒左侧用挡板支撑，如图 6.65(b)所示。碎石试样初始尺寸为宽 10cm、长 10cm、高 20cm。以较小的速度缓慢抬升挡板，如图 6.65(c)所示，在抬升挡板的过程中，颗粒在重力作用下崩塌、滚动并形成斜坡。当颗粒的崩落稳定后，用量角尺测量其休止角，如图 6.65(d)所示。试验重复 20 次，试验结果显示，所测碎石颗粒的休止角平均约为 38.9°。

在数值模拟中，首先利用三维激光扫描仪对真实碎石颗粒进行扫描以得到每个颗粒的表面点云信息，如图 6.66 所示。然后将获取的颗粒点云信息导入 SH-DEM 中，以生成具有真实几何形态的颗粒。模拟过程与室内试验保持一致，首先将生成的颗粒加入容器(容器由 4 个虚拟侧壁组成，且尺寸与室内试验相同)，右侧制备出初始数值试样，模拟参数设置为：颗粒密度 $\rho = 2700\text{kg/m}^3$，阻尼系数 $\alpha = 0.3$，法向接触刚度 $k_n = 1 \times 10^{11} \text{N/m}^3$，切向接触刚度 $k_t = 1 \times 10^7 \text{N/m}^3$，颗粒间的接触摩擦系数设置为 0，以使得颗粒填充更加致密。在模拟过程中，缓慢提升模拟的挡板，如图 6.67 所示，当颗粒在重力作用下崩落稳定后，测量其休止角。同样重复该过程 20 次，并计算平均休止角。逐步改变颗粒间摩擦系数，以寻找接近室内试验休止角的摩擦系数，图 6.68 所示为不同接触摩擦系数下试样的平均休止角，

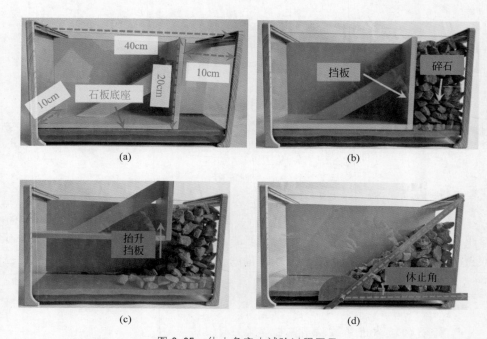

图 6.65 休止角室内试验过程图示

（a）容器尺寸；（b）用挡板支撑的碎石颗粒；（c）抬升挡板导致颗粒崩塌；（d）碎石颗粒稳定状态

图 6.66 碎石颗粒激光扫描

（a）碎石颗粒；（b）颗粒三维点云模型

结果表明接触摩擦系数应取 0.3。

为研究颗粒形状的影响，定义参数等轴度 $AR = l_3^{3D}/l_1^{3D} \in (0,1)$，等轴度 AR 越接近于 1，颗粒形状越接近于等径（球形或正方形）；等轴度 AR 越接近于 0，颗粒形状越扁平或越细长[21]。采用了三种不同形状的颗粒进行休止角模拟，如图 6.69 所示。其中试样 S1 由 AR=1.0 的球形颗粒组成；试样 S2 由 AR=0.65 的椭球颗粒组成；试样 S3 由具有真实形状的碎石颗粒组成，AR 平均值为 0.65；颗粒间接

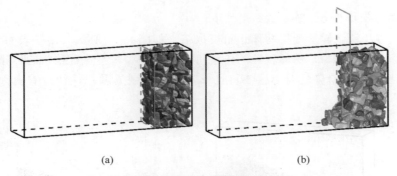

图 6.67 休止角试验模拟过程图示

（a）试样初始状态；（b）抬升挡板导致颗粒崩塌

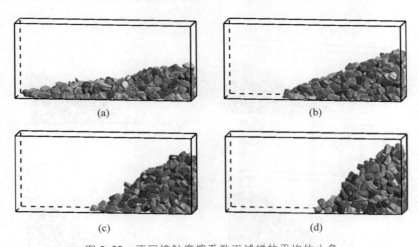

图 6.68 不同接触摩擦系数下试样的平均休止角

（a）摩擦系数为 0.1；（b）摩擦系数为 0.2；（c）摩擦系数为 0.3；（d）摩擦系数为 0.5

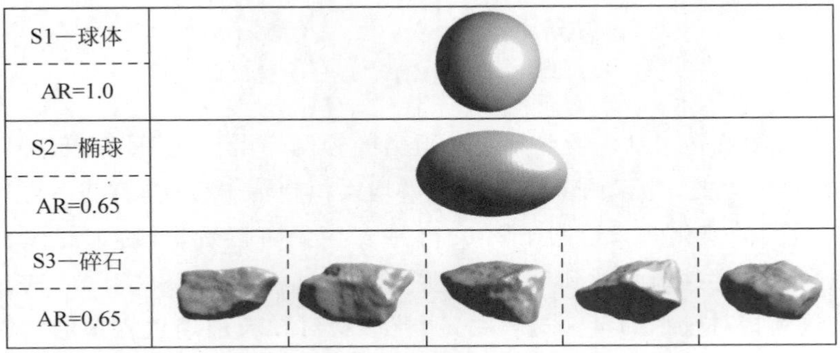

S1—球体	
AR=1.0	
S2—椭球	
AR=0.65	
S3—碎石	
AR=0.65	

图 6.69 休止角试验中不同形状的颗粒试样

触摩擦系数保持为 0.3。模拟结果如下：

（1）各颗粒试样所测得的休止角模拟结果如图 6.70 所示。结果表明，球形颗粒的休止角最小（15°），椭球颗粒的休止角居中（28°），真实碎石颗粒的休止角最大（37°）。出现这种趋势是因为越细长且形状越不规则的颗粒往往具有更大的滚动阻力。

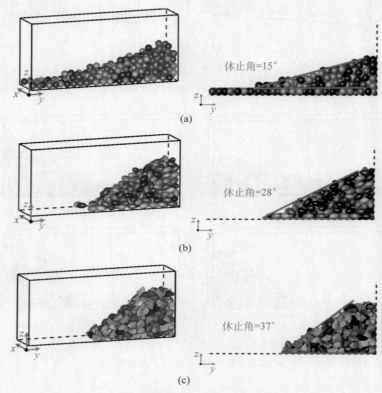

图 6.70　不同试样的休止角模拟结果
（a）试样 S1；（b）试样 S2；（c）试样 S3

（2）颗粒的旋转运动主要受到滚动阻力的控制。由于在坍塌过程中颗粒主要绕着 x 轴旋转，因此，计算颗粒绕 x 轴的平均累积旋转位移 θ_x，并将各颗粒试样的 θ_x 随模拟时间的演化曲线绘制于图 6.71 中。由图可以看出，对于试样 S1，其 θ_x 表现为急剧上升并逐渐收敛到一个稳定值；对于试样 S2 和 S3，其 θ_x 表现为逐渐增加并收敛到相对较小的量。这表明，颗粒形状对颗粒崩塌过程中的旋转运动有着重要影响，球形颗粒表现出更大的旋转位移，约为椭球颗粒的 5 倍和碎石颗粒的 7 倍。

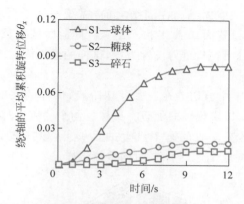

图 6.71 不同颗粒绕 x 轴累积旋转位移演化曲线

2. 碎石颗粒的三轴剪切试验

为研究围压、初始孔隙比和颗粒形状等因素对碎石颗粒集料的宏观和微观力学性质的影响,我们分别进行了 A、B、C 三组三轴试验模拟。A 组由固结围压 P_c 分别为 50kPa、100kPa 和 200kPa 的三个试样组成;B 组由三个具有不同初始孔隙比的试样组成,这三个试样分别通过设置接触摩擦系数 μ_0 等于 0、0.15 和 0.30 来制备;C 组由三个具有不同等轴度(AR=0.95,0.80 和 0.65)的试样组成,如图 6.72 所示。在 SH-DEM 中进行三轴试验模拟的三个阶段如下:

图 6.72 三轴剪切试验中不同形状的颗粒试样

(1)真实颗粒的随机生成。首先将包含碎石颗粒几何形态信息的"STL"文件导入 SH-DEM 程序中,以生成具有真实颗粒几何形态的颗粒模型,然后将颗粒随机分配到 6 个刚性墙体组成的立方体容器当中,如图 6.73(a)所示,每个试样由大约 1500 个颗粒组成(颗粒的平均粒径 $d_m^{3D}=20\text{mm}$)。

（2）试样的等向压缩固结。在固结之前，需统一赋予颗粒和墙体力学参数。墙体的摩擦系数统一设置为 0，A 组和 C 组颗粒间的摩擦系数 $\mu_0=0$，B 组的 $\mu_0=0,0.15,0.3$。在固结过程中，重力设置为零，试样的预设固结围压值通过伺服机制实现，如图 6.73（b）所示。

（3）试样的三轴压缩剪切。在三轴剪切阶段，试样的顶部和底部墙体以恒定的速率朝着彼此移动，以实现轴向加载。试样的 4 个侧墙通过伺服机制单独移动，使得围压保持恒定不变。加载速率设置的足够低，以实现试样的准静态加载。图 6.73（c）所示为轴向应变达到 50%时的数值试样。

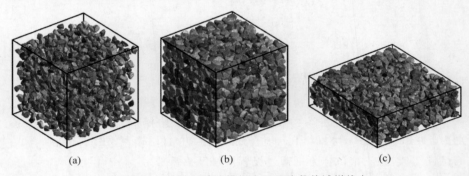

图 6.73　三轴剪切试验模拟中不同阶段的试样状态
（a）颗粒的随机生成；（b）等向固结；（c）轴向应变 50%

图 6.74 所示为三组试验的应力应变曲线。对于 A 组试验，所有试样均表现出应变硬化现象，且应力应变曲线随着围压的增大而升高。对于 B 组试验，μ_0 值越小，应变软化现象越明显，μ_0 值越大，应变硬化现象越明显，对峰值状态，偏应力峰值随 μ_0 的减小而增大，而在残余状态下，μ_0 对偏应力的影响很小。对于 C 组试验，所有试样均表现出应变软化现象，等轴度 AR＝0.80 的试样峰值应力最大，而残余应力随着 AR 的增大而减小。

图 6.75 所示为三组试验的体变曲线。对于 A 组和 C 组试验，所有试样均表现为体积应变随轴向应变的增加而增加的现象，并在轴向应变为 40%～50%时达到临界状态，即所有试样均表现出剪胀特性。对于 B 组试验，体变曲线随着 μ_0 的减小而升高，表明 μ_0 越小，试样剪胀性越高。

三组试验中颗粒的平均配位数演化曲线如图 6.76 所示。从图中可以看出，所有试验的配位数均表现出在剪切初期（轴向应变大于 10%）迅速下降，随后趋于稳定的现象。A 组试验在整个剪切过程中的配位数 Z 值始终与 P_c 呈正相关。当 P_c 从 50kPa 增加到 200kPa 时，Z 值在初始状态从 7.1 增加到 7.6，在残余状态从 4.2 增加到 4.9。B 组试验配位数 Z 仅在剪切初期与 μ_0 呈负相关关系，当 μ_0 从 0.3 减少到 0.0 时，Z 从 5.3 增加到 7.2。当轴向应变大于 10%时，所有试样的 Z

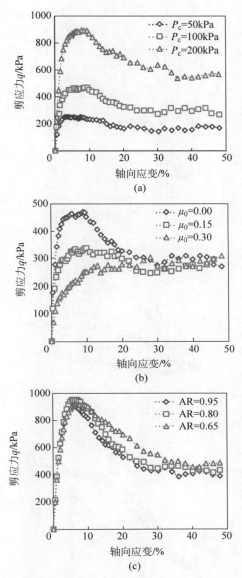

图 6.74　各组试验的应力应变曲线
(a) A 组试验；(b) B 组试验；(c) C 组试验

值均约为 4.7。C 组试验整个剪切过程中 Z 值始终与 AR 呈正相关，当 AR 从 0.65 增加到 0.95 时，Z 在初始状态从 7 增加到 8，在残余状态从 4.3 增加到 5.7。

颗粒之间的滑动服从库仑摩擦准则，定义滑动比 $R_{sc} = |f_t| / (\mu_c f_n)$，假设当

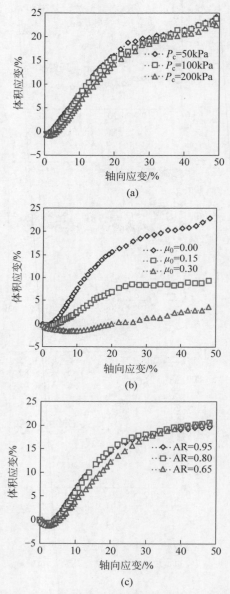

图 6.75　各组试验的体变曲线

(a) A 组试验；(b) B 组试验；(c) C 组试验

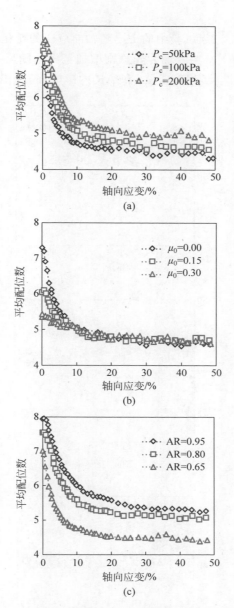

图 6.76　各组试验的平均配位数演化曲线

（a）A 组试验；（b）B 组试验；（c）C 组试验

$R_{sc} > 0.99$ 时颗粒间发生滑动，则接触滑动率 P_{sc} 可以定义为

$$P_{sc} = \sum_{i=1}^{N_c} G(R_{sc}) / N_c, \quad G(R_{sc}) = \begin{cases} 0, & R_{sc} \leqslant 0.99 \\ 1, & R_{sc} > 0.99 \end{cases} \tag{6.87}$$

其中 N_c 为总接触数。三组试验中的 P_{sc} 随轴向应变的变化曲线如图 6.77 所示。总的来说,三组试验的 P_{sc} 均表现为先急剧增加至峰值随后逐渐减小到一个稳定值的现象。对于 A 组试验,相较于 μ_0 和 AR 的影响而言,围压 P_c 对 P_{sc} 的影响

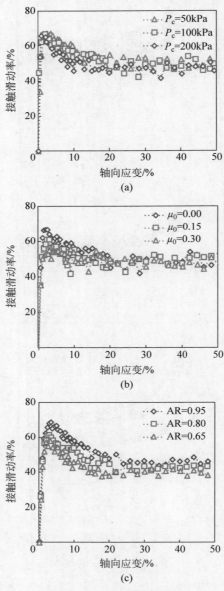

图 6.77　各组试验的接触滑动率演化曲线

(a) A 组试验；(b) B 组试验；(c) C 组试验

较小。对于 B 组试验,峰值 P_{sc} 和 μ_0 之间呈负相关关系,当 μ_0 从 0.3 下降到 0.0 时,P_{sc} 从 55% 增加到 65%,但在稳定状态下其影响可以忽略不计。对于 C 组试验,当 AR 从 0.65 增加到 0.95 时,P_{sc} 在峰值状态下从 59% 增加到 70%,在稳定状态下从 40% 增加到 47%。

6.5　三维非星形颗粒离散元模拟方法

本节主要介绍由 Feng[22] 提出的适用于任意颗粒形状的离散元模拟方法,该方法的特色之一是接触算法可保证颗粒间从开始接触到脱离接触的整个过程中保持能量守恒。

6.5.1　颗粒轮廓表示

对于一个任意形状的三维颗粒,无论是星形颗粒还是非星形颗粒,总是可以将其表面进行三角网格化,如图 6.78 所示。颗粒表面三角网格可直接通过激光扫描颗粒表面获取,也可通过 CT 扫描颗粒后再重构得到。重构过程中,网格密度对重构精度有着重要的影响,网格数量越大,颗粒的重构精度越高,具体可参见 3.4.3 节。颗粒表面三角网格顶点个数 v 和三角网格个数 f 之间满足如下关系:

$$v = f/2 + 2 \tag{6.88}$$

当颗粒表面被表示成一定数量的三角网格后,两个颗粒之间的接触可以看作三角面片之间的接触,接触判定和接触力的计算都可基于三角面片之间空间几何关系展开。

图 6.78　颗粒表面三角网格化

6.5.2　接触判定

三角面片之间的接触判定包含两个步骤:①基于包围盒的潜在接触三角面片对的搜索;②潜在接触三角面片对的接触判定和交线求解。对于第①步,从离散元模拟的整体性能角度来看,可以考虑以下三种不同的策略。

(1)利用颗粒包围盒进行全局接触判定。此方法能够最小化全局接触判定阶段的计算成本。在局部接触判定阶段,需要再利用所有三角面片的包围盒进行二次判定,以有效地排除大多数不相交的三角面片对。

(2) 直接利用三角面片的包围盒进行全局接触判定,搜索出所有三角面片潜在接触对。这种方法在全局搜索中涉及的包围盒的总数可能很大,导致在这个阶段的计算成本非常高。

(3) 采用多级包围盒表示颗粒,逐级进行接触判定。例如,使用八叉树[23]将每个颗粒及其表面三角面片分解成多级子域结构,每个子域都是包含一组三角面片的包围盒。不同级别包围盒的尺寸不同。对于给定级别,只有非空子域参与全局搜索;只有包围盒相交的子域间需要进行下一级的接触判定,直至搜索出所有三角面片潜在接触对。

通过包围盒搜索出所有三角面片潜在接触对后,需进一步对这些接触对进行相交计算,以确定三角面片是否真的相交。若相交,则进一步求出交线。

6.5.3　接触力计算

假定接触能量 w 是接触体积的函数,即

$$w = w(V_c) \tag{6.89}$$

式中,$V_c = |\Omega_c|$ 为颗粒接触部分的体积。接触体积与坐标系无关,因此上式函数值不会随坐标系的变化而变化。

设 $w(V_c)$ 是单调递增函数,那么颗粒之间的法向力 $\boldsymbol{F}_n$ 可表示为

$$\boldsymbol{F}_n = -\boldsymbol{\nabla}_x w(V_c) = -w'(V_c)\boldsymbol{S}_n \tag{6.90}$$

式中,$\boldsymbol{S}_n$ 为接触表面 S_1 的面积向量,如图 6.79 所示,即

$$\boldsymbol{S}_n = \int_{S_1} \mathrm{d}\boldsymbol{S} \tag{6.91}$$

$\boldsymbol{S}_n$ 的模 S_n 即为 S_1 的面积大小。基于式(6.90)和式(6.91)可定义如下几个量:

(1) 单位接触法向量 $\boldsymbol{n}$:

$$\boldsymbol{n} = -\boldsymbol{S}_n / S_n \tag{6.92}$$

(2) $\boldsymbol{F}_n$ 的大小:

$$F_n = w'(V_c)S_n \tag{6.93}$$

(3) 接触力作用点的坐标 $\boldsymbol{x}_c$:

$$\boldsymbol{x}_c = \frac{\boldsymbol{n} \times \boldsymbol{G}_n}{S_n} + \lambda \boldsymbol{n} \tag{6.94}$$

其中

$$\boldsymbol{G}_n = \int_{S_1} \boldsymbol{r} \times \mathrm{d}\boldsymbol{S} \tag{6.95}$$

式中,$\boldsymbol{r}$ 代表矢径;λ 为自由参数,它的取值不同时,接触点位于法向接触线上的不

同位置。

通常可假定 $w(V_c)$ 为幂函数，即

$$w(V_c)=k_n V_c^m \tag{6.96}$$

式中，k_n 为法向接触刚度，指数 $m \geqslant 1$。因此，F_n 的计算公式为

$$F_n = m k_n V_c^{m-1} S_n \tag{6.97}$$

当取 $m=1$ 时，w 是 V_c 的线性函数，此时上式变为

$$F_n = k_n S_n \tag{6.98}$$

此时，法向力 F_n 只与接触面积 S_n 相关，而不需要将接触体积 V_c 计算出来，可大大提高计算效率。

注意到，接触面积向量 S_n 也可通过表面 S_2 计算得到，即

$$S_n = -\int_{S_2} \mathrm{d}S \tag{6.99}$$

式(6.91)和式(6.99)表明，在 S_2 固定不变的情况下，S_n 应与 S_1 的实际形状无关，即 S_1 可以用任何其他表面代替，只要它们具有相同的边界 ∂S_1(或 ∂S_2)。设 $\Gamma = \partial S_1$ 为 S_1 的边界，同时 Γ 也是 S_1 和 S_2 的相交线。Γ 是 Γ 的矢量表达，其方向与 S_1 的外法线方向一致，因此 $-\Gamma$ 的方向与 S_2 的外法线方向一致。

S_1 的理想替代表面应该是在计算式(6.91)的积分时，能够使计算效率最高的曲面。如图 6.80 所示，一种可能的替代表面是以原点为顶点、Γ 为底面或准线的锥面 $\bar{S}$。因此，可通过下式计算 S_n：

$$S_n = \int_{\bar{S}} \mathrm{d}S = \frac{1}{2}\oint_\Gamma r \times \mathrm{d}\Gamma \tag{6.100}$$

式中，$\bar{S}$ 为 S 的替代表面；$r = r(x,y,z)$，为原点指向 Γ 上各点的矢径。

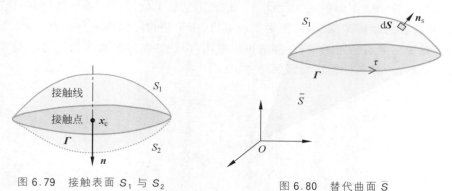

图 6.79　接触表面 S_1 与 S_2　　　　图 6.80　替代曲面 $\bar{S}$

当颗粒用三角网格表示时，两个颗粒之间的交线是由多条线段组合而成的多边形，如图 6.81 所示。此时，可证明式(6.91)的积分变为

$$S_n = \frac{1}{2} \sum_{i=1}^{m} x_i \times x_{i+1}$$ (6.101)

式中，m 为线段的总数；x_i 为多边形第 i 个顶点的位矢。上式表明，S_n 的计算可以转化为棱锥表面积的计算，其中棱锥表面的每一个三角面片对应一个替代面积 $\overline{S}_h$，如图 6.81 所示。

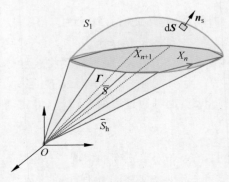

图 6.81　替代锥面 $\overline{S}_h$

6.5.4　分析实例

文献[22]以两个碎石颗粒的弹性碰撞为例来验证前述接触算法是否能保证能量守恒。图 6.82 所示为通过扫描获得的三角网格化碎石颗粒，该样本颗粒具有 625 个网格顶点和 1246 个三角面片。在初始状态下，两个碎石颗粒的方向随机，但在水平方向上被赋予了方向相反的单位初始速度，以使两个颗粒发生弹性碰撞，颗粒碰撞过程示意图如图 6.83 所示。图 6.84 显示了碰撞期间系统的(归一化的)平移、旋转和总动能的演变，从图中可以看出，由于颗粒形状的不规则性，导致旋转动能在碰撞后具有一定的增长，同时可以看出，即使在碰撞过程中发生过度的穿透接触和旋转运动，总动能也始终保持守恒。

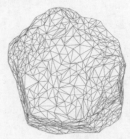

图 6.82　三角网格化的碎石颗粒[22]

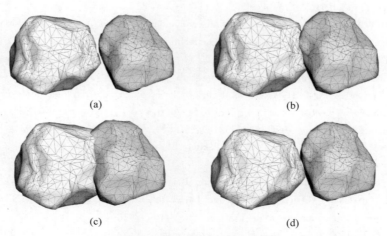

图 6.83 碎石颗粒碰撞过程示意图

(a) 碰撞前；(b) 发生碰撞；(c) 最大接触深度；(d) 碰撞后

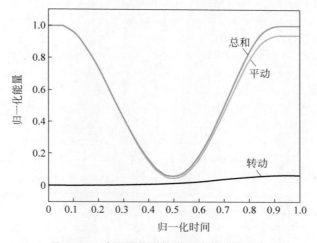

图 6.84 碎石颗粒碰撞过程中的能量演化

参 考 文 献

[1] CUNDALL P A. A computer model for simulating progressive, large scale movements in rocky block systems[C]. Proceedings of the International Symposium Rock Fracture, ISRM, 1971. Nancy, Paper No. Ⅱ-8, vol. 1.

[2] CUNDALL P A, STRACK O D L. A discrete numerical model for granular assemblies[J].

Geotechnique,1979,29(1): 47-65.

[3] SU D,WANG X. Fourier series-based discrete element method for two-dimensional concave irregular particles[J]. Computers and Geotechnics,2021,132(1): 103991.

[4] D'ADDETTA G A,KUN F,RAMM E. On the application of a discrete model to the fracture process of cohesive granular materials[J]. Granular Matter,2002,4(2): 77-90.

[5] LAI Z,CHEN Q,HUANG L. Fourier series-based discrete element method for computational mechanics of irregular-shaped particles[J]. Computer Methods in Applied Mechanics and Engineering,2020,362(5): 112873.

[6] Itasca Consulting Group Inc. PFC2D Particle Flow Code Two Dimensions. Ver. 4. 0 User's Manual[M]. USA:Minneapolis,2010.

[7] The Julia project,Julia 1. 4 Documentation[EB/OL]. https://docs. julialang. org/en/v1/.

[8] MOLLON G,ZHAO J. Fourier-Voronoi-based generation of realistic samples for discrete modelling of granular materials[J]. Granular Matter,2012,14(5): 621-638.

[9] WANG X,YIN Z Y,SU D,et al. A novel Arcs-based discrete element modeling of arbitrary convex and concave 2D particles [J]. Computer Methods in Applied Mechanics and Engineering,2021,386: 114071.

[10] NIE Z H,LIANG Z Y,WANG X,et al. Evaluation of granular particle roundness using digital image processing and computational geometry [J]. Construction and Building Materials,2018,172: 319-329.

[11] FU P,WALTON O R,HARVEY J T. Polyarc discrete element for efficiently simulating arbitrarily shaped 2D particles [J]. International Journal for Numerical Methods in Engineering,2012,89(5): 599-617.

[12] FENG Y T,OWEN D R J. 2D polygon/polygon contact model: algorithmic aspects[J]. Engineering Computations,2004,21(2): 265-277.

[13] FRAIGE F Y,LANGSTON P A,MATCHETT A J,et al. Vibration induced flow in hoppers: DEM 2D polygon model[J]. Particuology,2008,6(6): 455-466.

[14] BOON C W,HOULSBY G T,UTILI S. A new algorithm for contact detection between convex polygonal and polyhedral particles in the discrete element method[J]. Computers and Geotechnics,2012,44: 73-82.

[15] SMEETS B,ODENTHAL T,VANMAERCKE S,et al. Polygon-based contact description for modeling arbitrary polyhedra in the Discrete Element Method[J]. Computer Methods in Applied Mechanics and Engineering,2015,290: 277-289.

[16] FENG Y T. An energy-conserving contact theory for discrete element modelling of arbitrarily shaped particles: basic framework and general contact model[J]. Computer Methods in Applied Mechanics and Engineering,2021,373: 113454.

[17] JIN Y F,YIN Z Y. ErosLab: A modelling tool for soil tests[J]. Advances in Engineering Software,2018,121: 84-97.

[18] JIN Y F,YIN Z Y. Enhancement of backtracking search algorithm for identifying soil parameters [J]. International Journal for Numerical and Analytical Methods in Geomechanics,2020,44(9): 1239-1261.

［19］　WANG X，YIN Z Y，XIONG H，et al. A spherical-harmonic-based approach to discrete element modeling of 3D irregular particles［J］. International Journal for Numerical Methods in Engineering，2021，122(20)：5626-5655.

［20］　NIE Z，LIANG Z，WANG X. A three-dimensional particle roundness evaluation method ［J］. Granular Matter，2018，20(2)：32.

［21］　MOLLON G，ZHAO J. 3D generation of realistic granular samples based on random fields theory and Fourier shape descriptors［J］. Computer Methods in Applied Mechanics & Engineering，2014，279：46-65.

［22］　FENG Y T. An energy-conserving contact theory for discrete element modelling of arbitrarily shaped particles：Contact volume based model and computational issues［J］. Computer Methods in Applied Mechanics and Engineering，2020，373：113493.

［23］　MEAGHER D. Octree Encoding：A New Technique for the Representation，Manipulation and Display of Arbitrary 3-D Objects By Computer［R］. Technical Report IPL-TR-80-111，Rensselaer Polytechnic Institute，1980.